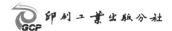

印刷工业出版分社

分布式机器
学习与优化

FENBUSHI JIQI
XUEXI YU YOUHUA

党亚峥 薛中会 顾长贵 编著

U0312974

文化发展出版社
Cultural Development Press

·北京·

图书在版编目（CIP）数据

分布式机器学习与优化 ／ 党亚峥，薛中会，顾长贵
编著 . — 北京 ：文化发展出版社，2024.4（2024.9 重印）

ISBN 978-7-5142-3885-3

Ⅰ．①分… Ⅱ．①党… ②薛… ③顾… Ⅲ．①分布式
算法－机器学习 Ⅳ．① TP181

中国版本图书馆 CIP 数据核字 (2022) 第 231756 号

分布式机器学习与优化

党亚峥 薛中会 顾长贵 编著

出 版 人：宋　娜
责任编辑：李　毅　　　　　责任校对：岳智勇
责任印制：邓辉明　　　　　封面设计：韦思卓
出版发行：文化发展出版社（北京市翠微路 2 号 邮编：100036）
发行电话：010-88275993　010-88275710
网　　址：www.wenhuafazhan.com
经　　销：全国新华书店
印　　刷：北京九天鸿程印刷有限责任公司

开　　本：710mm×1000mm　1/16
字　　数：120 千字
印　　张：8.25
版　　次：2024 年 4 月第 1 版
印　　次：2024 年 9 月第 2 次印刷

定　　价：48.00 元
ＩＳＢＮ：978-7-5142-3885-3

◆ 如有印装质量问题，请与我社印制部联系　电话：010-88275720

前言

PREFACE

在国民经济发展的各个领域，现代数据集的规模和复杂性呈爆炸式增长，这对处理大规模数据集的需求变得越来越迫切。随着互联网、物联网、社交媒体和传感器等技术的发展，我们面对的数据量越来越大，其中所蕴含的信息也越来越复杂。为了从这些海量且复杂的数据中提取有价值的信息，并应用于决策、预测和优化等任务，机器学习成了一种强大的工具和方法。

传统的机器学习方法在处理大规模数据集时面临一些挑战。首先，传统的集中式机器学习方法通常将数据集集中存储在单个中心服务器上，并在该服务器上进行模型训练和优化。然而，随着数据集规模的增大和训练速度的要求提高，集中式方法可能会受到计算资源的限制。其次，大规模数据集可能需要分布式存储，例如存储在不同的数据中心或云平台上。此外，数据的采集和更新可能是分布式和异步的过程，这也给模型的训练和优化带来了挑战。因此，在分布式环境下如何高效地进行模型训练和优化成了一个重要问题。

为了应对这一挑战，分布式机器学习与优化应运而生。它将机器学习算法与分布式计算和优化技术相结合，旨在在分布式环境下实现高效的模型训练和优化。该方法通过将任务划分为多个子任务，并在多个计算节点上并行处理，将大规模数据集和计算分散到多个计算节点上进行处理。每个计算节点都拥有本地数据，并在本地执行一部分计算。然后，节点之间通过通信和协调交换信息，并最终将结果合并以获得全局的模型。这种分布式处理方式不仅能加速模型的训练过程，还能处理更大规模的数据集。通过分布式机器学习与优化，能够提高机器学习的效率和扩展性，为解决大规模实际问题提供更好的解决方案。

在分布式机器学习中，优化技术扮演着重要的角色。优化算法被用来在每个计算节点上更新模型参数，以最小化损失函数。常见的优化算法包括随机梯度下降（SGD）及其变体，如批量梯度下降（BGD）和迷你批量梯度下降（MBGD）。这些经过精心设计的算法能够有效地处理分布式环境中的大规模数据集和并行计算需求。

除了优化算法，分布式机器学习还涉及分布式优化算法和协议的设计。这些算法和协议的目标是在训练过程中帮助节点进行信息共享和交换，包括模型参数、梯度更新和更新规则等。常见的分布式优化算法包括交替方向乘子法（ADMM）、同步异步优化和参数服务器等。在设计这些算法和协议时，需要考虑通信开销、同步与异步更新以及容错性等因素，以实现高效和可靠的分布式机器学习。

在分布式机器学习中，还存在一些特殊问题，如联邦学习，需要考虑数据隐私和安全性的挑战。由于数据分散在不同的计算节点上，可能涉及敏感信息，因此如何保护数据的隐私和安全成为一个重要问题。为解决这个问题，常用到差分隐私、加密计算和安全多方计算等技术。这些技术旨在确保在分布式环境中进行机器学习时，数据隐私得到保护，同时防止未经授权的访问和数据泄露。

综上所述，分布式机器学习与优化是将分布式计算和优化技术与机器学习相结合的方法。它能够在分布式环境下高效地进行模型训练和优化，并且可以处理大规模数据集和并行计算，从而提高机器学习的效率和扩展性。在现代数据集规模和复杂性不断增长的背景下，分布式机器学习与优化为解决大规模机器学习问题提供了有力的工具和方法。

本书首先介绍了基础知识，然后深入探讨了 ADMM 算法的理论和应用。包括其在各种统计和机器学习问题中的应用，如 Lasso、稀疏逻辑回归等。同时，书中讨论了机器学习优化问题几种常见的目标函数项形式，稀疏学习优化问题，全局变量一致性问题，共享问题，分布式拟合模型。并介绍了使用 ADMM 算法及 ADMM 连邦学习算法解决这些问题的高效方案。此外，还涉及了分布式 MPI 和 MapReduce 的实现细节。本书内容全面而深入，旨在提高机器学习的效率和扩展性，并为实际应用提供实用指导。

通过阅读本书，读者将获得深入了解 ADMM 算法在大规模机器学习问题中的应用的能力。此外，读者还将了解到分布式优化和非凸优化的相关方法，以及实现这些方法的分布式 MPI 和 Hadoop MapReduce 技术的实际指导。

作者

2023 年 6 月

目录

/CONTENTS

第1章 / 引　言 / 1

第2章 / 基础知识 / 3

2.1　凸集及其性质 / 3

2.2　凸函数定义与性质及常见凸函数 / 5

2.3　正齐次函数 / 8

2.4　次微分定义和有关性质 / 9

2.5　近端算子定义以及性质 / 11

2.6　Bregman距离定义以及其性质 / 12

参考文献 / 13

第3章 / ADMM 算法及其修正形式 / 14

3.1　ADMM算法及其基础算法 / 15

3.1.1　对偶上升法 / 15

3.1.2　对偶分解法 / 16

3.1.3 增广拉格朗日函数与乘子法 / 17

3.2 ADMM算法 / 18

3.2.1 缩放形式 / 19

3.2.2 ADMM算法收敛性 / 20

3.2.3 最优性条件和停止标准 / 23

3.3 修正ADMM算法 / 25

3.3.1 不同的惩罚参数 / 25

3.3.2 更一般的增广项 / 26

3.3.3 超松弛 / 26

3.3.4 线性化ADMM / 26

3.3.5 更新迭代顺序的ADMM / 27

3.3.6 对称式ADMM算法 / 27

3.3.7 其他相关算法 / 27

参考文献 / 27

第4章 / 几种常见的目标函数项形式 / 32

4.1 近端算子表达形式 / 32

4.2 二次目标项形式 / 33

4.3 光滑目标函数项形式项 / 33

4.3.1 迭代求解 / 33

4.3.2 二次目标项 / 33

4.4 可分解的目标函数项形式 / 34

4.4.1 块可分离 / 34

4.4.2 组件可分离 / 34

4.4.3 软阈值 / 34

参考文献 / 35

第 5 章 稀疏学习优化问题 / 36

5.1　最小绝对偏差（Least Absolute Deviations）/ 36

5.2　基准点追踪（Basis Pursuit）/ 38

5.3　广义 ℓ_1 正则化损失最小化 / 38

5.4　Lasso / 39

　　5.4.1　广义 Lasso / 40

　　5.4.2　Lasso 组 / 40

5.5　稀疏逆协方差选择 / 41

5.6　$l_{\frac{1}{2}}$ 正则化 / 43

参考文献 / 43

第 6 章 全局变量一致优化 / 46

6.1　正则化的全局变量一致性 / 48

6.2　一致问题的一般形式 / 49

6.3　正则化的一般形式一致问题 / 51

参考文献 / 52

第 7 章 共享问题 / 53

7.1　对偶性 / 54

7.2　最优交换 / 55

参考文献 / 56

第 8 章 分布式拟合模型 / 58

8.1　样本 / 59

8.1.1　回归 / 59

8.1.2　分类 / 59

8.2　跨训练样本划分 / 60

8.2.1　Lasso / 61

8.2.2　稀疏的逻辑回归 / 61

8.2.3　支持向量机 / 61

8.3　跨特性划分 / 62

8.3.1　Lasso / 63

8.3.2　Lasso组 / 64

8.3.3　稀疏的逻辑回归 / 64

8.3.4　支持向量机 / 65

8.3.5　广义可加模型 / 65

参考文献 / 66

第9章　ADMM 联邦学习 / 67

9.1　联邦学习概述 / 67

9.2　联邦学习的定义和相关示例 / 69

9.3　联邦学习与分布式机器学习的区别和联系 / 71

9.4　联邦学习的分类 / 72

9.5　联邦学习算法 / 73

9.5.1　联邦学习的算法 / 74

9.5.2　联邦学习步骤 / 74

9.5.3　联邦学习与分布式机器学习的区别 / 74

9.6　ADMM联邦学习算法 / 75

9.6.1　基于ADMM的联邦学习 / 75

9.6.2　基于ADMM的联邦学习的收敛性分析 / 76

9.7 改进的ADMM联邦学习算法 / 77

　9.7.1 CEADMM算法 / 77

　9.7.2 Inexact CEADMM算法 / 78

　9.7.3 不精确的有效通信ADMM / 79

　9.7.4 不精确的ADMM联邦学习 / 80

参考文献 / 82

第 10 章 /分布式机器学习的同步 ADMM 算法和异步 ADMM 算法 / 83

10.1 同步—异步通信机制 / 83

10.2 同步算法 / 84

　10.2.1 同步SGD方法 / 84

　10.2.2 模型平均方法及其改进 / 86

　10.2.3 ADMM算法 / 87

　10.2.4 弹性平均 SGD 算法 / 89

　10.2.5 讨论 / 90

10.3 异步算法 / 90

　10.3.1 异步SGD / 90

　10.3.2 Hogwild！算法 / 92

　10.3.3 带延迟处理的异步算法 / 94

10.4 同步和异步的融合 / 97

10.5 总结 / 100

参考文献 / 100

第 11 章 /ADMM 算法的实现 / 102

11.1 抽象实现 / 102

11.2　MPI / 103

11.3　图形计算框架 / 104

11.4　MapReduce / 105

参考文献 / 108

第 12 章／模拟仿真 / 110

12.1　小密度lasso / 111

　12.1.1　单一问题 / 111

　12.1.2　正则化路径 / 113

12.2　分布式ℓ_1正则化逻辑回归 / 114

12.3　带有特征分割的Lasso组 / 116

12.4　分布式大规模使用MPI的Lasso问题 / 116

12.5　回归器的选择 / 119

参考文献 / 120

第1章 引言

数据分析在很多应用领域是很常见的，特别是通过对大型数据集的统计和机器学习算法的使用解决相关问题。在工业领域，这一趋势被称为"大数据"，它在人工智能、互联网应用、计算生物学、医学、金融、市场营销、新闻、网络分析和物流等不同领域产生了重大影响。

虽然这些问题出现在不同的应用领域，但它们具有一些共同的关键特征：

（1）数据集的体量通常非常大，由数亿或数十亿的训练示例组成；

（2）数据通常是高维的，其可以测量和存储每个示例（样本）非常详细的信息；

（3）由于许多应用的规模很大，数据通常以分布式的方式存储或者收集。

因此，开发既足够丰富、能够捕获现代数据的复杂性，又具有足够的可扩展性，以并行或完全分散的方式处理大型数据集的算法已经变得至关重要。事实上，一些学者认为，即使是高度复杂和结构化的问题，也可能很容易屈服于在大量数据集上训练的相对简单的模型。

许多这样的问题可以在凸优化的框架中提出。鉴于优化领域中分解算法和分散算法比较流行，可以很自然地将并行优化算法视为解决大规模统计任务的机制。这种方法还有一个好处，即一种算法可以灵活地解决许多问题。

本书主要介绍基于乘法器的交替方向法（ADMM），又称为交替方向乘子法。这是一种简单但功能强大的算法，非常适合分布式凸优化，特别是解决应用统计学和机器学习中出现的问题。它采用分解协调程序的形式，其中协调小的局部子问题的解以找到大的全局问题的解。ADMM 算法可以视为将对偶分解和增广拉格朗日法的优点结合起来进行约束优化的尝试，在第 2 章中我们介绍了这两种较早的方法。结果证明，它也与许多其他算法等价或密切相关，如从数值分析中分离的 Douglas-Rachford 分裂、Spingarn 的部分逆算法、Dykstra 的交替投影法、用于信号处理中 L_1 问题的 Bregman 迭代算法、近端算法，以及许多其他方法。几十年来，ADMM 算法在不同的领域被重新拓展，这也凸显了该方法的巨大吸引力。

ADMM 算法是一种经典算法，类似的算法早在 20 世纪 50 年代中期就已经出现，由 Gabay、Mercier、Glowinski 和 Marrocco 在 20 世纪 70 年代中期首次提出。20 世纪 80 年代对该算法进行了研究，到 20 世纪 90 年代中期，几乎所有这里提到的理论结果都已建立。ADMM 算法是在大规模分布式计算系统和大规模优化问题的出现之前就已经被提出，本书重点是应用而不是理论，主要目标是为读者提供一种"工具箱"，使读者可以在许多情况下应用以推导出和实现实际使用的分布式算法。

第 2 章简要回顾对偶分解和乘子法，这是 ADMM 的两个重要基础，并介绍了 ADMM 的基本知识，包括基本收敛定理及完整的收敛证明。

第 3 章描述了算法应用中出现的一些一般模式，例如 ADMM 算法中的步骤之一可以特别有效地执行的情况。这些通用模式将在我们的示例中反复出现。

在第 4 章中，我们考虑将 ADMM 算法用于一些通用的凸优化问题，如约束最小化以及线性和二次规划。

在第 5 章中，讨论了涉及 L_1 范数的各种问题。事实证明，ADMM 算法为这些问题提供了与许多与最先进算法相关的方法。该章还阐明了 ADMM 算法特别适合机器学习的原因。

第 6 章、第 7 章提出了一致和共享问题，为分布式优化提供了通用框架。

在第 8 章中，我们考虑了通用模型拟合问题的分布式方法，包括正则化回归模型（如 Lasso）和分类模型（如支持向量机）。

第 9 章考虑使用 ADMM 算法作为解决一些非凸问题的启发式方法。

第 10 章介绍了各类分布式算法。

在第 11 章中，讨论了一些实际的实现细节，包括如何在适合云计算应用程序的框架中实现算法。

最后，在第 12 章中，介绍了一些数值实验的细节。

第 2 章　基础知识

在分布式机器学习系统中，涉及凸函数和次微分等概念。本章主要介绍后续章节中会用到的基础知识，包括凸集、凸集性质、凸函数及其性质、近端算子及其性质，以及 Bergman 距离及其性质等。这些基础知识对于理解和应用后续的分布式机器学习算法非常重要。

2.1　凸集及其性质

定义 2.1.1 [1]　设 $S \subset \mathrm{R}^n$，如果对任意两点 x_1，$x_2 \in S$ 和常数 $0 \leqslant \lambda \leqslant 1$，都有 $\lambda x_1 + (1-\lambda) x_2 \in S$，称 S 为 R^n 中的凸集（convex set）。

凸集具有明显的几何意义，由定义可以看出，所谓凸集就是这样的集合，它的任意两点的连线都在该集合中（图 2.1，图 2.2）。

例 2.1.1　设 p 为 n 维向量，α 为实数，则超平面

$$H = \{x \in \mathrm{R}^n \mid p^\mathrm{T} x = \alpha\}$$

是凸集。对任意 x_1，$x_2 \in H$，$0 \leqslant \lambda \leqslant 1$，有

$$p^\mathrm{T} [\lambda x_1 + (1-\lambda) x_2] = \lambda p^\mathrm{T} x_1 + (1-\lambda) p^\mathrm{T} x_2$$
$$= \alpha,$$

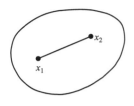 

图2.1 凸集　　　　　　　图2.2 非凸集

因此 $\lambda x_1 + (1-\lambda) x_2 \in H$，根据定义，$H$ 是凸集。

例2.1.2　设 $x_0 \in \mathbb{R}^n$，$\delta > 0$，容易验证，以 x_0 为圆心 δ 为半径的开球体 $\{x \in \mathbb{R}^n \mid \|x - x_0\| < \delta\}$ 和闭球体 $\{x \in \mathbb{R}^n \mid \|x - x_0\| \leq \delta\}$ 均为 $\mathbb{R}^n$ 中凸集。

根据凸集的定义容易验证，$\mathbb{R}^n$ 中空集、全空间、所有子空间都是凸集。

命题2.1.1　设 I 是任意指标集，$S_i \subset \mathbb{R}^n$，$i \in I$ 是凸集，则 S_i，$i \in I$ 的交 $\bigcap\limits_{i \in I} S_i$ 是 $\mathbb{R}^n$ 中凸集。

证明　当 S 为空集或单点集时，结论显然成立。对于一般情况，假设 x_1，$x_2 \in S$，$0 \leq \lambda \leq 1$，则 x_1，$x_2 \in S_i$，$i \in I$，由于 S_i 是凸集，则有

$$\lambda x_1 + (1-\lambda) x_2 \in S_i, \quad i \in I,$$

故

$$\lambda x_1 + (1-\lambda)x_2 \in \bigcap_{i \in I} S_i = S,$$

这说明 S 是凸集，命题得证。

定义2.1.2　设 $x_1, \cdots, x_m \in \mathbb{R}^n$，给定一组常数 $\lambda_i \geq 0$，$i = 1, \cdots, m$ 满足 $\sum\limits_{i=1}^{m} \lambda_i = 1$，称点 $x = \sum\limits_{i=1}^{m} \lambda_i x_i$ 为 $x_1, \cdots, x_m$ 的一个凸组合（convex combination）。

定义2.1.1 意味着凸集就是"其中任意两点的凸组合仍属于它自身的集合"，实际上也可以通过任意有限点的凸组合来定义凸集，下面的定理刻画了这样一个事实。

定理2.1.1　$S \subset \mathbb{R}^n$ 为凸集的充要条件是 S 中任何一组元素的凸组合都在 S 中。

证明　设 S 是凸集，$x_1, \cdots, x_m \in S$，首先证明 $x_1, \cdots, x_m$ 的凸组合属于 S。对 m 用数学归纳法。当 $m = 1$ 时，结论显然成立；当 $m = 2$ 时，根据凸集的定义，结论也成立。设当 $m \leq k$ 时定理结论成立，以下证明如果 $x_i \in S$，$i = 1, \cdots, k+1$，$\lambda_i \geq 0$，$i = 1, \cdots, k+1$，$\sum\limits_{i=1}^{k+1} \lambda_i = 1$，则 $x = \sum\limits_{i=1}^{k+1} \lambda_i x_i \in S$。不失一般性，假设 $\lambda_i > 0$，$i = 1, \cdots, k+1$，这时 $1 - \lambda_{k+1} = \sum\limits_{i=1}^{k} \lambda_i > 0$。由于

$$\sum_{i=1}^{k} \frac{\lambda_i}{1-\lambda_{k+1}} = 1, \quad i = 1, \cdots, k,$$

根据归纳法假设

$$y = \frac{\lambda_1}{1-\lambda_{k+1}} x_1 + \cdots + \frac{\lambda_k}{1-\lambda_{k+1}} x_k \in S,$$

再由 S 的凸性得

$$x = (1-\lambda_{k+1}) y + \lambda_{k+1} x_{k+1} \in S,$$

即 $x_1, \cdots, x_m$ 的凸组合属于 S。

另一方面，集合 S 中任何一组元素的凸组合都在 S 中，于是 S 中任意两个元素的凸组合必在 S 中，故 S 是凸集。定理得证。

2.2 凸函数定义与性质及常见凸函数

定义 2.2.1 [2] 设 $S \subset R^n$ 是非空凸集，$f(x)$ 为定义于 S 到 $R \cup \{\pm\infty\}$ 上的函数，如果 $f(x)$ 不恒等于 $+\infty$，且对任意 $x_1, x_2 \in S$，$0 \leqslant \lambda \leqslant 1$，有

$$f(\lambda x_1 + (1-\lambda) x_2) \leqslant \lambda f(x_1) + (1-\lambda) f(x_2)。 \tag{2.1}$$

称 $f(x)$ 为 S 上的凸函数（convex function）。如果当 $x_1 \neq x_2$ 时，式（2.1）中严格不等式成立，称 $f(x)$ 为 S 上的严格凸函数（strictly convex function）. 不取值 $-\infty$ 且不恒等于 $+\infty$ 的凸函数称为正常凸函数；否则称为非正常凸函数。

定义 2.2.2 设 $f(x)$ 为 R^n 上的凸函数，$f(x)$ 的有效域（effective domain），记为 $\mathrm{dom} f$，定义如下：

$$\mathrm{dom} f = \{x \in R^n \mid f(x) < +\infty\}。$$

容易验证，R^n 上凸函数的有效域一定是凸集，反过来有效域为凸集的函数不一定是凸函数。

定义于凸集 $S \subset R^n$ 上的凸函数都可拓展成 R^n 上的凸函数。例如，$f(x)$ 为 S 上的凸函数，令

$$\tilde{f}(x) = \begin{cases} f(x), & x \in S, \\ +\infty, & x \notin S, \end{cases}$$

容易验证 $\tilde{f}(x)$ 为 R^n 上的凸函数，且当 $x \in S$ 时 $\tilde{f}(x) = f(x)$。因此，一般情况下可以考虑凸函数的定义域是全空间。

定义 2.2.3 凸函数的一阶特征

如果 f 一阶可导，那么如果 $dom(f)$ 是凸的，并且 $\forall x, y \in dom(f)$，有 $f(y) \geqslant f(x) + \nabla f(x)^T (y-x)$，那么称它为一个凸函数。

5

性质 2.2.1 定义 2.2.1 与定义 2.2.3 等价

证明：首先假设定义 2.2.1 是正确的，也就是说

$$f(tx+(1-t)y) \le tf(x)+(1-t)f(y), \forall t \in [0,1], \forall x, y \in dom(f)$$

注意到 $f(tx+(1-t)y)=f(y+t(x-y))$ 与

$$tf(x)+(1-t)f(y)=f(y)+t(f(x)-f(y))$$

简化上述式子，得到

$$f(x)-f(y) \ge \frac{f(y+t(x-y))-f(y)}{t}$$

令 $t \to 0$，我们有

$$f(y)-f(x) \ge \nabla f(y)^T(x-y)$$

反过来，如果定义 2.2.3 是正确的，那么考虑 $\forall x \ne y$, $x, y \in dom(f)$，取 $z=tx+(1-t)y \in dom(f)$，则有

$$f(x) \ge f(z)+\nabla f(^z)T(x-z)$$

$$f(y) \ge f(z)+\nabla f(^z)T(y-z)$$

第一个式子乘 t，第二个式子乘 $1-t$，加在一起即可得到结论。

定义 2.2.4 凸函数的二阶特征

如果 f 是二阶可微函数，如果 f 的定义域为凸集，并且 $\forall x \in dom(f)$，$\nabla^2 f(x)$ 是正定的，那么 f 就是一个凸函数。

性质 2.2.2 定义 2.2.4 与定义 2.2.1，定义 2.2.3 等价

证明：为证明结论，我们考虑使用一阶条件的不等式

$$\forall y, f(y) \ge f(x)+\nabla f(x)^T(y-x)$$

若 $\nabla^2 f(x)$ 是正定的，也就是说，存在一个下降方向，$\exists z$, $z^T \nabla^2 f(x) z \le 0$。设 $y=x+tz$，有

$$\forall t, f(x+tz) \ge f(x)+t\nabla f(x)^T z$$

不难看出，不等式右边就泰勒展开到一阶的结果，如果对式子进行二阶展开，那么有

$$\forall t, f(x+tz)=f(x)+t\nabla f(x)^T z+\frac{1}{2}t^2 z^T \nabla^2 f(x+\sigma tz)z, \sigma \in [0,1]$$

则性质得证。

关于二阶性质有一个地方需要注意，如果一个函数是严格凸函数，并不能推出其二阶海瑟矩阵是正定的，一个反例就是 $f(x)=x^4$，其是严格凸得，但是在原点处，二阶导数并不是正数。

如果 $-f(x)$ 是凸函数，称 $f(x)$ 是凹函数（concave function）。线性函数既是凸函数也是凹函数。凸函数是最优化中应用最广的函数类，许多常见的函数是凸函数。

例 2.2.1 考虑下面定义于 R 上的初等函数：

（1）$f_1(x) = e^x$；

（2）$f_2(x) = |x|$；

（3）$f_3(x) = \begin{cases} -\ln x, & x > 0, \\ +\infty, & x \leq 0。 \end{cases}$

利用凸函数定义，可以验证 $f_1(x)$，$f_2(x)$，$f_3(x)$ 为凸函数，$f_1(x)$，$f_2(x)$ 为严格凸函数。

定义 2.2.5 设 $f(x)$ 为 R^n 上的函数，如果存在常数 $c > 0$，使得对任意 x_1，$x_2 \in R^n$ 和 $0 \leq \lambda \leq 1$，有

$$f(\lambda x_1 + (1-\lambda) x_2) \leq \lambda f(x_1) + (1-\lambda) f(x_2) - \frac{1}{2} c \lambda (1-\lambda) \| x_1 - x_2 \|^2$$

（2.2）

称 $f(x)$ 为强凸函数（strongly convex function）（关于常数 c）。

易见，强凸函数一定是严格凸函数，严格凸函数一定是凸函数，反之则不成立。

性质 2.2.3 如果 f 是强突函数，当且仅当

$$f(x) \geq f(y) + \langle \nabla f(y), x-y \rangle + \frac{\theta}{2} \| x-y \|^2$$

命题 2.2.1 定义于 R^n 上的函数 $f(x)$ 是强凸函数（关于常数 c）的充分必要条件是 $f(x) - \frac{1}{2} c \| x \|^2$ 是凸函数.

证明 根据凸函数的定义，$f(x) - \frac{1}{2} c \| x \|^2$ 为凸函数等价于

$$f(\lambda x_1 + (1-\lambda) x_2) - \frac{1}{2} c \| \lambda x_1 + (1-\lambda) x_2 \|^2$$

$$\leq \lambda f(x_1) + (1-\lambda) f(x_1) - \frac{1}{2} c (\lambda \| x_1 \|^2 + (1-\lambda) \| x_2 \|^2) \qquad (2.3)$$

将式（2.3）中的 $\| \lambda x_1 + (1-\lambda) x_2 \|^2$ 展开，再经过整理可得式（2.3）与式（2.2）等价。命题得证。

例 2.2.2 函数 $f(x_1 + x_2) = x_1^2 + x_2^2$ 是 R^2 上的强凸函数。

例 2.2.3 设 $S \subset R^n$ 为非空凸集，距离函数（distance function）$d_S(x) = \inf\limits_{y \in S} \| y-x \|$

是 R^n 上凸函数。以下给出证明，设 $x, z \in R^n$，根据距离函数定义，可在集合 S 中选取两组点列 $\{x_k\}_1^\infty$ 和 $\{z_k\}_1^\infty$，使得

$$\| x_k - x \| \to d_S(x), \quad k \to +\infty,$$

$$\| z_k - z \| \to d_S(z), \quad k \to +\infty。$$

对任意 $0 \leq \lambda \leq 1$，根据 S 的凸性，有 $\lambda x_k + (1-\lambda) z_k \in S$，于是

$$d_S(\lambda x + (1-\lambda) z) \leq \| \lambda x_k + (1-\lambda) z_k - \lambda x - (1-\lambda) z \|$$

$$\leq \lambda \| x_k - x \| + (1-\lambda) \| z_k - z \|$$

对上式右端关于 $k \to \infty$ 取极限，得

$$d_S(\lambda x + (1-\lambda) z) \leq \lambda d_S(x) + (1-\lambda) d_S(z)$$

这就证明了 $d_S(x)$ 的凸性。

欧氏范数 $\| x \|$ 可以看成点 x 到原点的距离，因此是凸函数。

定义 2.2.6 设 $f(x)$ 为 R^n 上的函数，α 为常数，下述集合称为函数 $f(x)$ 的水平集（level set）：

$$\text{Lev}_\alpha f = \{ x \in R^n \mid f(x) \leq \alpha \}$$

容易验证，凸函数的所有水平集是凸集，反之则不成立，事实上即使一个函数的所有水平集都为凸集，该函数也不一定是凸函数。所有水平集为凸集的函数称为拟凸函数，拟凸函数是一类重要的广义凸函数，它在最优性条件，特别是在 Karush-Kuhn-Tucker 充分性条件的建立中起到了重要作用。

2.3 正齐次函数

定义 2.3.1 设 $f(x)$ 为 R^n 上函数，如果对任意 $x \in R^n$，$\lambda > 0$，有

$$f(\lambda x) = \lambda f(x),$$

则称 $f(x)$ 为正齐次函数（positive homogeneous function）。

命题 2.3.1 设 $f(x)$ 为 R^n 上的正齐次函数，则 $f(x)$ 是凸函数的充分必要条件为 $f(x)$ 是次可加的（subadditive），即对任意 $x_1, x_2 \in R^n$，有

$$f(x_1 + x_2) \leq f(x_1) + f(x_2) \tag{2.4}$$

证明 必要性。假设 $f(x)$ 是凸函数，根据 $f(x)$ 的正齐次和凸性，得

$$f(x_1 + x_2) = 2f\left(\frac{1}{2}(x_1 + x_2)\right)$$

$$\leq 2\left(\frac{1}{2}f(x_1) + \frac{1}{2}f(x_2)\right)$$

$$= f(x_1) + f(x_2),$$

即式（2.4）成立。

充分性。设式（2.4）成立，对任意 $0 \leqslant \lambda \leqslant 1$，由 $f(x)$ 正齐次性，得

$$f(\lambda x_1 + (1-\lambda) x_2) \leqslant f(\lambda x_1) + f((1-\lambda) x_2)$$
$$= \lambda f(x_1) + (1-\lambda) f(x_2),$$

故 $f(x)$ 是凸函数。命题得证。

定义 2.3.2 设 $f(x)$ 为定义于 R^n 上的函数，且满足正齐次性和次可加性，称 $f(x)$ 为次线性函数（sublinear function）。

命题 2.3.2 设 $f(x)$ 为 R^n 上的次线性函数，$\lambda_i \geqslant 0$，$i = 1, \cdots, m$，则有

$$f(\lambda_1 x_1 + \cdots + \lambda_m x_m) \leqslant \lambda_1 f(x_1) + \cdots + \lambda_m f(x_m).$$

命题 2.3.3 设 $f(x)$ 为 R^n 上的次线性函数，则有 $-f(-x) \leqslant f(x)$。

例 2.3.1 函数 $f(x) = \|x\|$ 为 R^n 上的次线性函数。

例 2.3.2 设 $S \subset R^n$ 为闭凸集，函数

$$\mu_S(x) = \inf \{t \mid t \geqslant 0, \ x \in tS\}$$

称为集合 S 的规格（gauge）函数或 Minkowski 函数。下面验证 $\mu_S(x)$ 是正齐次函数。设 $\lambda > 0$，推导得

$$\mu_S(\lambda x) = \inf \{t \mid t \geqslant 0, \ \lambda x \in tS\}$$

$$= \lambda \inf \left\{ \frac{t}{\lambda} \mid \frac{t}{\lambda} \geqslant 0, \ x \in \frac{t}{\lambda}S \right\}$$

$$= \lambda \inf \{\alpha \mid \alpha \geqslant 0, \ x \in \alpha S\} \quad (\text{令 } \alpha = \frac{t}{\lambda})$$

$$= \lambda \mu_S(x),$$

故 $\mu_S(x)$ 是正齐次函数，$\mu_S(x)$ 的凸性证明这里省略。

2.4 次微分定义和有关性质

连续可微函数是凸函数的充要条件为其切线均在函数曲线下方（图 2.3），基于此性质可引入凸函数次微分的概念。

图 2.3 凸函数的切线

定义 2.4.1 次梯度定义 [3]

令 $f: E \rightarrow (-\infty, +\infty]$ 是一个适应函数且令 $x \in dom(f)$。一个向量 $g \in E^*$ 被称为 f 的次梯度,当

$$f(y) \geq f(x) + \langle g, y-x \rangle \quad for \, all \, y \in E$$

定义 2.4.2 次微分定义

设 $f(x)$ 为 R^n 上凸函数,$f(x)$ 在点 x 的次微分(subdifferential),记为 $\partial f(x)$,定义如下:

$$\partial f(x) = \{\xi \in R^n \mid f(y) \geq f(x) + \xi^T(y-x), \, y \in R^n\},$$

$\xi \in \partial f(x)$ 称为次微分中元素,也简称为次微分或次梯度(subgradient)。

不等式

$$f(y) \geq f(x) + \xi^T(y-x), \quad \forall y \in R^n \tag{2.5}$$

称为次梯度不等式,它的几何意义是仿射函数。

$$h(x) = f(x_0) + \xi^T(x-x_0)$$

总在函数 $f(x)$ 的上图 Epi$f$ 下方,且在点 $[x_0, f(x_0)]$ 与 Epi$f$ 相交(图2.4)。因此,$y = h(x)$ 是上图 Epi$f$ 在点 $[x_0, f(x_0)]$ 的一个支撑超平面。

$$\partial f(x) = co\{\nabla f_i(x) \mid i \in I(x)\},$$

其中 $I(x) = \{i \in I \mid f_i(x) = f(x)\}$

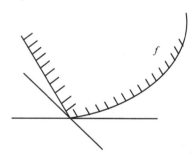

图 2.4 凸函数支撑超平面

例 2.4.1 考虑极大值函数:

$$f(x) = \max\{x_1+x_2, -x_1+x_2^2, x_1\},$$

以下计算 $f(x)$ 在点 $(1, 2)^T$ 的次微分。令

$$f_1(x) = x_1+x_2, \quad f_2(x) = -x_1+x_2^2, \quad f_3(x) = x_1,$$

显然 $f_1(x)$,$f_2(x)$,$f_3(x)$ 都是凸函数,通过计算得 $f_1(1, 2) = f_2(1, 2) = f(1, 2) = 3$,$f_3(1, 2) = 1 < f(1, 2)$,于是 $I(1, 2) = \{1, 2\}$,则

$$\partial f(1, 2) = co\{\nabla f_1(1, 2), \nabla f_2(1, 2)\} = co\{(1, 1)^T, (-1, 4)^T\}$$

性质 2.4.1（次微分的上半连续性） 设 $f(x)$ 为 R^n 上的凸函数，则集值映射 $x \to \partial f(x)$ 是上半连续的。

证明 只要证明对给定的 $x \in R^n$，对任意 $\varepsilon > 0$，存在 $\delta > 0$，使得

$$\partial f(y) \subset \partial f(x) + B(0, \varepsilon), \quad \forall y \in B(x, \delta) \tag{2.6}$$

用反证法，假设式（2.6）不成立，则存在 $\varepsilon > 0$，$x_k \in R^n$，$\xi_k \in \partial f(x_k)$，$k = 1, 2, \cdots, x_k \to x$（$k \to \infty$），使得

$$\xi_k \notin \partial f(x) + B(0, \varepsilon), \quad k = 1, 2, \cdots \tag{2.7}$$

根据次微分定义有

$$f(y) \geqslant f(x_k) + \xi_k^T(y - x_k), \quad y \in R^n \tag{2.8}$$

由次微分的局部有界性，$\{\xi_k\}_1^\infty$ 存在收敛子列，不妨假设为 $\{\xi_k\}_1^\infty$ 本身，设 $\xi_k \to \xi$，在式（2.8）中关于 $k \to \infty$ 取极限，得

$$f(y) \geqslant f(x) + \xi^T(y - x), \quad y \in R^n,$$

这说明 $\xi \in \partial f(x)$，与式（2.6）矛盾。定理得证。

次微分的上半连续性是非光滑凸优化各种算法收敛性证明中必须具备的条件之一。

例 2.4.2 考虑 R 上凸函数 $f(x) = |x|$，$f(x)$ 的次微分为：

$$\partial f(x) = \begin{cases} \{1\}, & x > 0, \\ [-1, 1], & x = 0, \\ \{-1\}, & x < 0 \, . \end{cases}$$

不难验证，R 到 R 中子集上的集值映射 $x \to \partial f(x)$ 是单调和上半连续的。

2.5 近端算子定义以及性质

定义 2.5.1 近端算子定义 [3, 4]

令 $f: R^n \to R \cup +\infty$ 是一个封闭的固有函数，这意味着其 epigraph

$$\mathrm{epi} f = \{(x, t) \in R^n \times R \mid f(x) \leqslant t\} \, .$$

是一个非空的闭凸集，f 的有效域为

$$\mathrm{dom} f = \{x \in \mathbb{R}^n \mid f(x) < +\infty\} \, .$$

f 取有限值的点集。则 f 的近端算子 $\mathrm{prox}_f: \mathbb{R}^n \to \mathbb{R}^n$ 被定义为

$$\mathrm{prox}_f(v) = \underset{x}{\mathrm{argmin}} \left\{ f(x) + \frac{1}{2} \|x - v\|_2^2 \right\} \, .$$

其中，$\|\cdot\|_2$ 是欧式范数，等式右边的优化函数为强凸的。另外，缩放函数 λf 的近端算子可以表示为

$$\mathrm{prox}_{\lambda f}(v) = \mathrm{argmin} \left\{ f(x) + (1/2\lambda) \|x - v\|_2^2 \right\} \, .$$

性质 2.5.1（可分离性）　如果 f 在两个变量之间是可以分割的，即 $f(x, y) = F(x) + G(y)$，那么，

$$\text{prox}_f(v, w) = (\text{prox}_F(v), \text{prox}_G(w))$$

如果 f 是完全可分离的，意味着 $f(x) = \sum_{i=1}^{n} f_i(x_i)$，有 $(\text{prox}_f(v))_i = \text{prox}_{f_i}(v_i)$。

性质 2.5.2（结合性）　如果 $f(x) = aF(x) + b$，$a > 0$，则 $\text{prox}_{\lambda f}(v) = \text{prox}_{a\lambda F}(v)$

如果 $f(x) = F(ax + b)$，$a \neq 0$，则 $\text{prox}_{\lambda f}(v) = \frac{1}{a}(\text{prox}_{a^2\lambda F}(av + b) - b)$。

如果 $f(x) = F(Qx) + b$，Q 是正交的，则 $\text{prox}_{\lambda f}(v) = Q^T \text{prox}_{a\lambda F}(Qv)$。

性质 2.5.3（仿射加法）　如果 $f(x) = F(x) + a^T x + b$，则 $\text{prox}_{\lambda f}(v) = \text{prox}_{\lambda F}(v - \lambda a)$

性质 2.5.4（正则化形式）　如果 $f(x) = F(x) + (c/2)\|v - \lambda a\|_2^2$，$a > 0$，则 $\text{prox}_{\lambda f}(v) = \text{prox}_{\tilde{\lambda} F}((\tilde{\lambda}/\lambda)v - (c\tilde{\lambda})a)$，其中 $\tilde{\lambda} = \lambda/(1 + c\lambda)$

性质 2.5.5（定点性）　点 x^* 将 $f(x^*)$ 最小化，当且仅当 $x^* = \text{prox}_f(x^*)$

性质 2.5.6（近端均值表达式）　令 $f_1, \cdots, f_n$ 为闭真凸函数，则有

$$\frac{1}{m}\sum_{i=1}^{m}\text{prox}_{f_i} = \text{prox}_g$$

其中，g 为一个函数，成为 $f_1, \cdots, f_n$ 的近端均值。

2.6　Bregman 距离定义以及其性质

定义 2.6.1　Bregman 距离 [5, 6]

令 $F: R^n \rightarrow (-\infty, +\infty$ 为凸连续可微函数，函数 $D_F: \text{dom } F \times \text{intdom} f \rightarrow 0, +\infty$，定义为：

$$D_F(x, y) = F(x) - F(y) - \langle \nabla F(y), x - y \rangle,$$

称其为关于 F 的 Bregman 距离 [2]。

性质 2.6.1　三角不等式，即对于任意的 x, y, z，如下不等式成立

$$D_F(x, z) \leqslant D_F(x, y) + D_F(y, z)$$

性质 2.6.2　不满足对称性，即对于任意 x, y，下列等式不一定成立

$$D_F(x, y) =^? D_F(y, x)$$

性质 2.6.3　（非负性）对于所有的 p, q，满足 $D_F(p, q) \geqslant 0$，这一点是由函数 F 的非负性质决定的。

性质 2.6.4　（凸性）$D_F(p, q)$ 在第一个参数上是凸的，在第二个参数上不一定是凸的；

性质 2.6.5 （线性）如果将 Bregman 散度考虑为含 F 的操作符，那么它对于非负的系统是线性的。即对于严格凸且可微的函数 F_1，F_2，以及参数 $\lambda > 0$，有

$$D_{F_1 + \lambda F_2} = D_{F_1}(p, q) + D_{F_2}(p, q)$$

性质 2.6.6 （对偶性）函数 F 具有凸的共轭 F^*，则 F^* 的 Bregman 散度与 $D_F(p, q)$ 存在如下联系

$$D_{F^*}(p^*, q^*) = D_F(p, q)$$

其中，$p^* = \nabla F(p)$，$q^* = \nabla F(q)$ 是 p，q 的对偶点。

参考文献

［1］ Boyd S P, Vandenberghe L. Convex optimization［M］. Cambridge university press, 2004.

［2］ 高岩. 非光滑分优化与分析［M］. 北京:科学出版社, 2019.

［3］ Beck A. First-order methods in optimization［M］. Society for Industrial and Applied Mathematics, 2017.

［4］ Parikh N, Boyd S. Proximal algorithms［J］. Foundations and trends ©️ in Optimization, 2014, 1(3):127-239.

［5］ L. M. Bregman, The relaxation method of finding the common point of convex sets and its application to the solution of problems in convex programming, USSR Computational Mathematics and Mathematical Physics, Volume 7, Issue 3, 1967, Pages 200-217, ISSN 0041-5553.

［6］ Zhao J, Dong Q L, Rassias M T, et al. Two-step inertial Bregman alternating minimization algorithm for nonconvex and nonsmooth problems［J］. Journal of Global Optimization, 2022, 84(4):941-966.

第3章 ADMM算法及其修正形式

交替方向乘子法（ADMM）是一种经典而重要的优化方法，在求解分布式凸优化问题中得到了广泛应用。尤其在统计学习问题中，ADMM展现出卓越的效果。ADMM的提出可以追溯到Glowinski和Marrocco于1975年以及Gabay和Mercier于1976年的研究成果。然而，直到2011年，Boyd等人对ADMM进行综述并证明了其适用于大规模分布式优化问题后，ADMM才开始受到更广泛的关注。

ADMM的核心思想是通过分解和协调的过程解决大规模全局问题。它将原始问题划分为一系列较小且相对容易求解的局部子问题，并通过协调这些子问题的解逐步逼近全局最优解。这种分解和协调的策略使得ADMM在分布式计算环境中能够高效处理大规模的优化问题。通过充分利用并行计算的优势，不同计算节点可以独立地处理各自的局部子问题，并通过信息交换和迭代更新实现全局最优解的一致性。

在ADMM的迭代过程中，每个子问题可以在各个节点或设备上并行求解，然后通过交换信息和更新乘子变量协调各个节点的解。这种分布式求解的方式使得ADMM能够充分利用计算资源，加快问题的求解速度，同时减少通信开销和存储需求。

由于ADMM算法的提出早于大规模分布式计算系统和大规模优化问题的出现，所以在2011年以前，这种方法并不为广大研究者所熟知。然而，随着大数据时代的到来和计算能力的显著提升，ADMM在分布式机器学习和优化领域重新引起了广泛关注。研究者开始将 ADMM 应用于各种实际问题的求解，并取得了显著的成果。

值得一提的是，ADMM 算法的成功应用还得益于其理论基础的深入研究和发展。Boyd 等人于 2011 年重新综述了 ADMM 算法，并提供了对其适用性的全面证明。这一工作为 ADMM 的进一步推广和应用提供了坚实的理论基础，使得更多的研究者开始关注和使用 ADMM 算法。

总的来说，ADMM 作为一种分布式优化方法，通过分解和协调的策略，在解决大规模凸优化问题和统计学习问题方面具有独特的优势。随着大规模分布式计算系统和大规模优化问题的兴起，ADMM 的重要性和应用前景不断扩大，成为研究者不可忽视的工具和领域。

3.1 ADMM 算法及其基础算法

交替方向乘子法（ADMM）是基于如下对偶上升法、对偶分解法和乘子法这三种算法被提出的。

3.1.1 对偶上升法

考虑等式约束凸优化问题

$$
\begin{aligned}
&\text{minimize} \quad f(x)\\
&\text{subject to} \quad Ax = b
\end{aligned}
\tag{3.1}
$$

其中，变量 $x \in R^n$，$A \in R^{m \times n}$，$f: R^n \to R$ 是凸的。

问题（2.1）的拉格朗日函数为

$$
L(x, y) = f(x) + y^{\mathrm{T}}(Ax - b)
$$

对应的对偶函数为

$$
g(y) = \inf_x L(x, y) = -f^*(-A^{\mathrm{T}}y) - b^{\mathrm{T}}y
$$

其中，y 为对偶变量或拉格朗日乘子，f^* 为 f 的凸共轭。

（注：共轭函数定义　设函数 $f: R^n \to R$，定义函数 $f^*: R^n \to R$ 为

$$
f^*(y) = \sup_{x \in \mathrm{dom}f}(y^{\mathrm{T}}x - f(x))
$$

此函数称为函数 f 的共轭函数）

则其对偶问题为

$$
\text{maximize} \quad g(y)
$$

变量 $y \in R^m$。假设强对偶成立，原问题和对偶问题的最优值是相同的。我们可以从对偶问题的最优点 y^* 出发来寻找一个原始问题的最优点 x^*，x^* 满足

$$
x^* = \underset{x}{\mathrm{argmin}} L(x, y^*)
$$

前提是 L（x，y^*）只有一个最小值点（如 f 是严格凸的，就是这种情况）。这里符号 $\underset{x}{\arg\min} F$（x）表示函数 F 的任一最小值点，F 最小值点可能不唯一。

在对偶上升法中，利用梯度上升法来求解对偶问题。假设 g 是可微的，梯度 ∇g（y）可以计算如下：首先找到 $x^+ = \arg\min_x L$（x，y）；然后计算 ∇g（y）$= Ax^+ - b$，这是等式约束的残差。对偶上升方法包括迭代更新

$$x^{k+1} := \underset{x}{\arg\min} L（x，y^k） \tag{3.2}$$

$$y^{k+1} := y^k + \alpha^k（Ax^{k+1} - b） \tag{3.3}$$

其中，α^k（$\alpha^k > 0$）是步长，上标是迭代计数器。式（3.2）是 x-最小化步骤，式（3.3）是对偶变量更新。对偶变量 y 可以解释为价格向量，y-更新被称为价格更新或价格调整步骤。这种算法被称为对偶上升，因为当选择合适的 α^k 时，对偶函数每一步都会增加，即 g（y^{k+1}）$> g$（y^k）。

在 g 不可微的情况下，也可以使用对偶上升。在这种情况下，残差 $Ax^{k+1} - b$ 不是 g 的梯度，而是 g 的次梯度的负值。与 g 是可微的情况相比，这种情况下需要不同的 α^k 选择，且收敛不是单调的，通常情况是 g（y^{k+1}）$\not> g$（y^k）。在这种情况下，该算法通常被称为对偶次梯度法[3]。

如果选择合适的 α^k，并且其他几个假设成立，那么 x^k 收敛到一个最优点，y^k 收敛到一个最优的对偶点。然而，这些假设在许多应用中并不成立，因此通常不能使用对偶上升法。例如，如果 f 是 x 的任意分量的非零仿射函数，那么 x 更新失败，因为对于大多数 y，L 在 x 中是无界的。

3.1.2 对偶分解法

对偶上升法的主要优点是在某些情况下它可以演变为分散式算法。例如，假设目标函数 f 是可分离的（关于将变量分块或分裂为子向量），即

$$f（x） = \sum_{i=1}^{N} f_i（x_i）$$

其中，$x = $（$x_1$，$\cdots$，$x_N$），变量 $x_i \in R^{n_i}$ 是 x 的子向量。矩阵 A 相应地划分为

$$A = [A_1，\cdots，A_N]$$

则 $Ax = \sum_{i=1}^{N} A_i x_i$，则相应的拉格朗日函数可以写为

$$L（x，y） = \sum_{i=1}^{N} L_i（x_i，y） = \sum_{i=1}^{N}（f_i（x_i） + y^T A_i x_i - （1/N） y^T b）$$

在 $\mathcal{X}$ 中也是可分的。这意味着 x-最小化步骤（3.2）分裂成了 N 个可以并行计算的分离问题。显然，该算法是

$$x_i^{k+1} := \operatorname*{argmin}_{x_i} L\ (x_i,\ y^k) \tag{3.4}$$

$$y^{k+1} := y^k + \alpha^k\ (Ax^{k+1} - b) \tag{3.5}$$

对于每个 $i = 1,\ \cdots,\ N$，x-最小化步骤 （3.4） 是独立、并行执行的。在这种情况下，我们将对偶上升法称为对偶分解法。

一般情况下，对偶分解法的每次迭代都需要一个广播和一个收集操作。在对偶更新步骤 （3.5） 中，聚集等式约束残差贡献 $A_i x_i^{k+1}$ 以计算残差 $Ax^{k+1} - b$。一旦全局对偶变量 y^{k+1} 被计算出来，就必须将其广播到执行 N 个单独的 x_i 最小化步骤 （3.4） 的处理器。

对偶分解法是优化中的一个古老思想，至少可以追溯到 20 世纪 60 年代初期。相关的思想出现在 Dantzig 和 Wolfe[4] 和 Benderes[5] 关于大规模线性规划的著作中，以及在 Dantzig 的开创性著作[6] 中。对偶分解的一般思想似乎最初是由 Everett[7] 提出的，并在许多早期的参考文献 [8, 9, 10, 11] 中进行了探讨。Shor[3] 讨论了使用不可微优化 （如次梯度法） 来求解对偶问题。关于对偶方法和对偶分解法的详细描述见 Bertsekas[12] 以及 Nedi'c 和 Ozdaglar[13] 关于分布式优化的研究，其主要讨论了对偶分解法和一致性问题。许多学者还讨论了标准对偶分解的变体，如参考文献 [14]。

自 20 世纪 80 年代以来，分布式优化一直是一个活跃的研究问题。例如，Tsitsiklis 和其他学者研究了许多分布检测和一致性问题，涉及最小化多个节点已知的光滑函数 f[15,16,17]。一些关于并行优化的优秀参考书包括 Bertsekas 和 Tsitsiklis[17] 以及 Censor 和 Zenios[18]。最近也有一些关于每个节点都有各自凸的、可能不可微的目标函数的研究[19]。关于图结构优化问题的分布式方法的最新讨论，请参见参考文献 [20]。

3.1.3 增广拉格朗日函数与乘子法

增广拉格朗日函数与乘子法发展的部分原因是为了提高对偶上升方法的鲁棒性，特别是在没有函数 f 严格凸性或有限性等假设的情况下使得算法收敛。式 （3.1） 的增广拉格朗日函数为

$$L_\rho\ (x,\ y) = f\ (x) + y^{\mathrm{T}}\ (Ax - b) + (\rho/2)\ \|Ax - b\|_2^2 \tag{3.6}$$

其中，$\rho > 0$ 称为惩罚参数 （注意 L_0 是该问题的标准拉格朗日函数）。增广拉格朗日函数可以视为下述问题的拉格朗日函数

$$\text{minimize} \quad f\ (x) + (\rho/2)\ \|Ax - b\|_2^2$$
$$\text{subject to} \quad Ax = b$$

这个问题显然等同于原始问题 （3.1），因为对于任何可行的 $\mathcal{X}$，添加到目标函数的项 $(\rho/2)\ \|Ax - b\|_2^2$ 为零。相关的对偶函数是 $g_\rho\ (y) = \inf_x L_\rho\ (x,\ y)$。

可以证明 g_ρ 在原始问题满足一定弱的条件下是可微的。增广对偶函数的梯度与普通

拉格朗日函数的梯度相同，即通过最小化 x，然后计算得到的等式约束残差。将对偶上升法应用于修改后的问题，得到如下算法

$$x^{k+1} := \underset{x}{\arg\min} L_\rho\ (x,\ y^k) \tag{3.7}$$

$$y^{k+1} := y^k + \rho\ (Ax^{k+1} - b) \tag{3.8}$$

此算法被称为求解（3.1）的乘子法。它除了 x-最小化步骤使用增广拉格朗日函数且使用惩罚参数 ρ 作为步长 α^k 之外，与标准的对偶上升相同。乘子法在比对偶上升更一般的条件下收敛，包括 f 取值 ∞ 或不是严格凸的情况。

在对偶更新步（3.8）中，学者对特定步长 ρ 的选择进行了研究。这里假设 f 是可微的。式（3.1）的最优性条件是原始及对偶可行性，分别为

$$Ax^* - b = 0,\ \nabla f(x^*) + A^\mathrm{T} y^* = 0$$

根据定义，x^{k+1} 最小化 $L_\rho\ (x,\ y^k)$，故

$$
\begin{aligned}
0 &= \nabla_x L_\rho\ (x^{k+1},\ y^k) \\
&= \nabla_x f\ (x^{k+1})\ + A^\mathrm{T}\ (y^k + \rho\ (Ax^{k+1} - b)) \\
&= \nabla_x f\ (x^{k+1})\ + A^\mathrm{T} y^{k+1}
\end{aligned}
$$

可以发现，通过在对偶更新中使用 ρ 作为步长，迭代 $(x^{k+1},\ y^{k+1})$ 是对偶可行的。随着乘子法的进行，原始残差 $Ax^{k+1} - b$ 收敛于零，产生最优性。对偶上升乘子法的收敛显著提高是有代价的。当 f 可分离时，增广拉格朗日 L_ρ 是不可分离的，因此 x-最小化步骤（3.7）不能对每个 x_i 并行进行。这意味着基本的乘子法不能用于分解。接下来我们将介绍如何解决这个问题。

增广拉格朗日函数和约束优化乘子法是在 20 世纪 60 年代末由 Hestenes[21,22] 和 Powell[23] 首次提出的。许多早期关于乘子法的数值实验都归功于 Miele 等[24,25,26]。Bertsekas[27] 在一本专著中整合了许多早期的工作，他还讨论了乘子法与使用拉格朗日函数和惩罚函数[28,29,30] 的旧方法的相似性，以及一些推广。

3.2　ADMM 算法

ADMM 算法是一种旨在将对偶上升的可分解性与乘子法的优越收敛性相结合的算法。该算法解决的问题形式如下

$$
\begin{aligned}
&\text{minimize} \quad f\ (x)\ + g\ (z) \\
&\text{subject to} \quad Ax + Bz = c
\end{aligned}
\tag{3.9}
$$

其中，变量 $x \in R^n$，$z \in R^m$，$A \in R^{p \times n}$，$B \in R^{p \times m}$，$c \in R^p$。假设 f 和 g 是凸函数。更具体的假设将在 2.4.2 节中进行讨论。与一般的线性等式约束问题（3.1）的唯一区别是，变量 x

在这里被分为两部分，分别为 x 和 z，目标函数在这个分裂中是可分离的。问题（3.9）的最优值可表示如下

$$p^* = \inf \{ f(x) + g(z) \mid Ax + Bz = c \}$$

与乘子法一样，构造增广拉格朗日函数

$$L_\rho(x, z, y) = f(x) + g(z) + y^T(Ax + Bz - c) + (\rho/2) \parallel Ax + Bz - c \parallel_2^2$$

ADMM 由以下迭代组成

$$x^{k+1} := \underset{x}{\operatorname{argmin}} L_\rho(x, z^k, y^k) \tag{3.10}$$

$$z^{k+1} := \underset{z}{\operatorname{argmin}} L_\rho(x^{k+1}, z, y^k) \tag{3.11}$$

$$y^{k+1} := y^k + \rho(Ax^{k+1} + Bz^{k+1} - c) \tag{3.12}$$

其中，$\rho > 0$。该算法与对偶上升法和乘子法非常相似：它由 x-最小化子问题（3.10）、z-最小化子问题（3.11）和对偶变量更新（3.12）组成。在乘子法中，对偶变量更新使用的步长等于增广拉格朗日参数 ρ。

式（3.9）的乘子法的形式为

$$(x^{k+1}, z^{k+1}) := \underset{x,z}{\operatorname{argmin}} L_\rho(x, z, y^k)$$

$$y^{k+1} := y^k + \rho(Ax^{k+1} + Bz^{k+1} - c)$$

这里，增广拉格朗日对于两个原始变量共同最小化。在 ADMM 算法中，x 和 z 以交替或顺序的方式更新，这就是交替方向这一术语的由来。ADMM 算法可以看作乘子法的一个版本，其使用 x 和 z 上的单个 Gauss-Seidel 传递[31]，而不是通常的联合最小化。当 f 或 g 可分离时，将 x 和 z 的最小化分为两个步骤正是允许分解的原因。

ADMM 算法的状态由 z^k 和 y^k 组成，也就是说，(z^{k+1}, y^{k+1}) 是 (z^k, y^k) 的函数。变量 x^k 不是状态的一部分，它是从先前状态 (z^{k-1}, y^{k-1}) 计算出的中间结果。

若在问题（3.9）中交换（重新标签）x 和 z、f 和 g、A 和 B，将得到 ADMM 上的一个变化：x-更新步骤（3.10）和 z-更新步骤（3.11）的顺序相反。x 和 z 的角色几乎是对称的，但并不是完全对称的，因为对偶更新是在 z-更新之后，但在 x-更新之前完成的。

3.2.1　缩放形式

通过组合增广拉格朗日中的线性和二次项，并缩放对偶变量，ADMM 可以用稍微不同的形式来表示，这通常更方便。定义残差 $r = Ax + Bz - c$，得

$$y^T r + (\rho/2) \parallel r \parallel_2^2 = (\rho/2) \parallel r + (1/\rho)y \parallel_2^2 - (1/2\rho) \parallel y \parallel_2^2$$

$$= (\rho/2) \parallel r + u \parallel_2^2 - (\rho/2) \parallel u \parallel_2^2$$

其中，$u = (1/\rho)y$ 是缩放对偶变量。使用缩放对偶变量，ADMM 可以表示为

$$x^{k+1} := \underset{x}{\operatorname{argmin}}(f(x) + (\rho/2) \parallel Ax + Bz^k - c + u^k \parallel_2^2) \tag{3.13}$$

$$z^{k+1} := \underset{z}{\arg\min} \left(g(z) + (\rho/2) \parallel Ax^{k+1}+Bz-c+u^k \parallel_2^2 \right) \tag{3.14}$$

$$u^{k+1} := u^k + A^{k+1} + Bz^{k+1} - c \tag{3.15}$$

将迭代 k 时的残差定义为 $r^k = Ax^k + Bz^k - c$，可知残差的运行之和为

$$u^k = u^0 + \sum_{j=1}^{k} r^j$$

将上面由式（3.10）~式（3.12）给出的 ADMM 的第一种形式称为未缩放形式，式（3.13）~式（3.15）给出 ADMM 的第二种形式称为缩放形式，它是用对偶变量的缩放版本表示的。这两种形式显然是等价的，但 ADMM 缩放形式的公式通常比非缩放形式的公式短，所以在后文中将使用缩放形式。当希望强调对偶变量的作用或给出一个依赖（非缩放的）对偶变量的解释时，将使用未缩放形式。

3.2.2 ADMM 算法收敛性

文献中讨论 ADMM 的收敛结果有很多，在这里，我们使用适用于所有示例的非常普遍的结果。接下来，给出一个关于函数 f 和 g 的假设，以及一个关于问题（3.9）的假设。

假设 1：（扩展实值）函数 $f: R^n \to R \cup \{+\infty\}$ 和 $g: R^m \to R \cup \{+\infty\}$ 是闭的、正常的、凸的。

这个假设可以用函数的上镜图简洁地表示为：函数 f 满足假设 1，当且仅当它的上镜图

$$\text{epi } f = \{ (x, t) \in R^n \times R \mid f(x) \leq t \}$$

是一个封闭的非空凸集。

假设 1 意味着 x-更新步骤（3.10）和 z-的更新步骤（3.11）中产生的子问题是可解的，即存在不一定唯一的 x 和 z（对 A 和 B 没有进一步的假设）使增广拉格朗日函数最小化。需要注意的是，假设 1 允许 f 和 g 是不可微的，并且假设值为 ∞。例如，取 f 为非空闭凸集 C 的指示函数，即对于 $x \in C$ 时，$f(x) = 0$，否则 $f(x) = \infty$。在这种情况下，x-最小化步骤（3.10）将涉及求解一个在 C（f 的有效域）上的约束二次规划问题。

假设 2：未增广拉格朗日函数 L_0 有一个鞍点。

显然，存在不一定唯一的 (x^*, z^*, y^*) 使得

$$L_0(x^*, z^*, y) \leq L_0(x^*, z^*, y^*) \leq L_0(x, z, y^*)$$

对于所有的 x, y, z 都成立。

根据假设 1，可以得出 $L_0(x^*, z^*, y^*)$ 对任意鞍点 (x^*, z^*, y^*) 是有限的。这说明 (x^*, z^*) 是问题（3.9）的解，故 $Ax^* + Bz^* = c$ 且 $f(x^*) < \infty$，$g(z^*) < \infty$。同时，y^* 是对偶最优点，原始问题和对偶问题的最优值相等，即强对偶性成立。注意，除了假设 2，

没有对 A，B 或 c 做其他任何假设；另外，A 和 B 都不需要是满秩矩阵。

在假设 1 和假设 2 下，ADMM 迭代满足：

（1）残差收敛。当 $k \to \infty$ 时，$r^k \to 0$，即迭代方法的可行性。

（2）目标收敛。当 $k \to \infty$ 时，$f(x^k) + g(z^k) \to p^*$，即迭代的目标函数接近最优值。

（3）对偶变量收敛。当 $k \to \infty$ 时，$y^k \to y^*$，其中 y^* 是对偶最优点。

下面给出残差收敛和目标函数收敛结果的证明[32][33]。

将证明，如果 f 和 g 是闭的、正常的和凸的，拉格朗日 L_0 有一个鞍点，即满足假设 1 和 2 时，有原始残差收敛，即 $r^k \to 0$；目标收敛，即 $p^k \to p^*$，其中 $p^k = f(x^k) + g(z^k)$；对偶残差 $s^k = \rho A^T B(z^k - z^{k-1})$ 也收敛到零。

证明：设 (x^*, z^*, y^*) 是 L_0 的鞍点，并定义

$$V^k = (1/\rho) \parallel y^k - y^* \parallel_2^2 + \rho \parallel B(z^k - z^*) \parallel_2^2$$

可以看出 V^k 是该算法的 Lyapunov 函数，即在每次迭代中减少的一个非负量（请注意在算法运行时，V^k 是未知的，因为它依赖于未知的值 z^* 和 y^*）。

该证明依赖三个关键的不等式，下面将使用凸分析的基本结果和简单的代数来证明它们。第一个不等式是

$$V^{k+1} \leqslant V^k - \rho \parallel r^{k+1} \parallel_2^2 - \rho \parallel B(z^{k+1} - z^k) \parallel_2^2 \tag{A.1}$$

这表明 V^k 在每次迭代中减少的量取决于残差的范数和一次迭代中 z 的变化。因为 $V^k \leqslant V^0$，所以 y^k 和 Bz^k 是有界的。迭代上面的不等式得

$$\rho \sum_{k=0}^{\infty} (\parallel r^{k+1} \parallel_2^2 - \rho \parallel B(z^{k+1} - z^k) \parallel_2^2) \leqslant V^0$$

故当 $k \to \infty$ 时，$r^k \to 0$ 且 $B(z^{k+1} - z^k) \to 0$。用 ρA^T 乘以第二个表达式，得对偶残差 $s^k = \rho A^T B(z^{k+1} - z^k)$ 收敛于零（这说明要求原始和对偶残差较小的停止准则最终将成立）。

第二个关键的不等式是

$$p^{k+1} - p^* \leqslant -(y^{k+1})^T r^{k+1} - \rho (B(z^{k+1} - z^k))^T (-r^{k+1} + B(z^{k+1} - z^*)) \tag{A.2}$$

第三个不等式是

$$p^* - p^{k+1} \leqslant y^{*T} r^{k+1} \tag{A.3}$$

当 $k \to \infty$ 时，$B(z^{k+1} - z^*)$ 有界，r^{k+1} 和 $B(z^{k+1} - z^k)$ 都趋近于零，故式（A.2）的右侧趋近于零。当 $k \to \infty$ 时，r^k 趋近于零，故式（A.3）的右侧趋近于零。因此，$\lim_{k \to \infty} p^k = p^*$，即目标收敛。

在给出三个关键不等式的证明之前，由不等式（A.2）推导出了下文关于停止准则的讨论中提到的不等式（3.19）。观察到 $-r^{k+1} + B(z^{k+1} - z^*) = -A(x^{k+1} - x^*)$；将其替换到（A.2）得到（3.19），

$$p^{k+1}-p^{*} \leqslant -(y^{k+1})^{\mathrm{T}}r^{k+1}+(x^{k+1}-x^{*})^{\mathrm{T}}s^{k+1}$$

不等式（A.3）的证明：

由于（x^{*}，z^{*}，y^{*}）是 L_0 的鞍点，有

$$L_0(x^{*}, z^{*}, y^{*}) \leqslant L_0(x^{k+1}, z^{k+1}, y^{*})$$

由 $Ax^{*}+Bz^{*}=c$，得左侧为 p^{*}。又 $p^{k+1}=f(x^{k+1})+g(z^{k+1})$，得

$$p^{*} \leqslant p^{k+1}+y^{*\mathrm{T}}r^{k+1}$$

即不等式（A.3）。

不等式（A.2）的证明：

根据定义，x^{k+1} 最小化 $L_\rho(x, z^k, y^k)$。由于 f 是闭的、正常的、凸的，所以它是次可微的，L_ρ 也是。（必要条件和充分条件）最优性条件为

$$0 \in \partial L_\rho(x^{k+1}, z^k, y^k) = \partial f(x^{k+1})+A^{\mathrm{T}}y^k+\rho A^{\mathrm{T}}(Ax^{k+1}+Bz^k-c)$$

（这里使用了一个基本事实，即一个次可微函数和一个具有域 R^n 的可微函数的次微分之和是次微分和梯度之和，如 [2, §23]）

由于 $y^{k+1}=y^k+\rho r^{k+1}$，代入 $y^k=y^{k+1}-\rho r^{k+1}$ 并重新排列获得

$$0 \in \partial f(x^{k+1})+A^{\mathrm{T}}(y^{k+1}-\rho B(z^{k+1}-z^k))$$

这说明 x^{k+1} 可以最小化

$$f(x)+(y^{k+1}-\rho B(z^{k+1}-z^k))^{\mathrm{T}}Ax$$

同理，z^{k+1} 可以最小化 $g(z)+y^{(k+1)T}Bz$。因此，

$$f(x^{k+1})+(y^{k+1}-\rho B(z^{k+1}-z^k))^{\mathrm{T}}Ax^{k+1} \leqslant f(x^{*})+(y^{k+1}-\rho B(z^{k+1}-z^k))^{\mathrm{T}}Ax^{*}$$

且

$$g(z^{k+1})+y^{(k+1)T}Bz^{k+1} \leqslant g(z^{*})+y^{(k+1)T}Bz^{*}$$

将上述两个不等式相加，由 $Ax^{*}+Bz^{*}=c$ 并重新排列得不等式（A.2）。

不等式（A.1）的证明：

将（A.2）和（A.3）相加，重组各项再乘以 2，得

$$2(y^{k+1}-y^{*})^{\mathrm{T}}r^{k+1}-2\rho(B(z^{k+1}-z^k))^{\mathrm{T}}r^{k+1}+2\rho(B(z^{k+1}-z^k))^{\mathrm{T}}(B(z^{k+1}-z^{*})) \leqslant 0$$

$$(A.4)$$

经过一些操作和重写，这个不等式将得出（A.1）的结果。

从重写第一项开始。用 $y^{k+1}=y^k+\rho r^{k+1}$ 替换，得

$$2(y^k-y^{*})^{\mathrm{T}}r^{k+1}+\rho\|r^{k+1}\|_2^2+\rho\|r^{k+1}\|_2^2$$

用 $r^{k+1}=(1/\rho)(y^{k+1}-y^k)$ 替换前两项，得

$$(2/\rho)(y^k-y^{*})^{\mathrm{T}}(y^{k+1}-y^k)+(1/\rho)\|y^{k+1}-y^k\|_2^2+\rho\|r^{k+1}\|_2^2$$

由于 $y^{k+1}-y^k = (y^{k+1}-y^*) - (y^k-y^*)$，上式可以写成

$$(1/\rho)(\parallel y^{k+1}-y^* \parallel_2^2 - \parallel y^k-y^* \parallel_2^2) + \rho \parallel r^{k+1} \parallel_2^2 \tag{A.5}$$

现在重写剩余的项，即

$$\rho \parallel r^{k+1} \parallel_2^2 - 2\rho(B(z^{k+1}-z^k))^T r^{k+1} + 2\rho(B(z^{k+1}-z^k))^T(B(z^{k+1}-z^*))$$

其中，$\rho \parallel r^{k+1} \parallel_2^2$ 来自（A.5）。用 $z^{k+1}-z^* = (z^{k+1}-z^k) - (z^k-z^*)$ 替换最后一项，得

$$\rho \parallel r^{k+1}-B(z^{k+1}-z^k) \parallel_2^2 + \rho \parallel B(z^{k+1}-z^k) \parallel_2^2 + 2\rho(B(z^{k+1}-z^k))^T(B(z^k-z^*))$$

用 $z^{k+1}-z^k = (z^{k+1}-z^*) - (z^k-z^*)$ 替换最后两项，得

$$\rho \parallel r^{k+1}-B(z^{k+1}-z^k) \parallel_2^2 + \rho(\parallel B(z^{k+1}-z^*) \parallel_2^2 - \parallel B(z^k-z^*) \parallel_2^2)$$

对于上一步，这意味着（A.4）可以写为

$$V^k-V^{k+1} \geqslant \rho \parallel r^{k+1}-B(z^{k+1}-z^k) \parallel_2^2 \tag{A.6}$$

为了证明（A.1），现在需要证明（A.6）右侧展开的中间项 $-2\rho r^{(k+1)T}(B(z^{k+1}-z^k))$ 是正的。要证明这一点，利用 z^{k+1} 最小化 $g(z)+y^{(k+1)T}Bz$，z^k 最小化 $g(z)+y^{kT}Bz$，所以将

$$g(z^{k+1})+y^{(k+1)T}Bz^{k+1} \leqslant g(z^k)+y^{(k+1)T}Bz^k$$

和

$$g(z^k)+y^{kT}Bz^k \leqslant g(z^{k+1})+y^{kT}Bz^{k+1}$$

相加，得到

$$(y^{k+1}-y^k)^T(B(z^{k+1}-z^k)) \leqslant 0$$

又 $y^{k+1}-y^k = \rho r^{k+1}$，且 $\rho > 0$，故不等式（A.1）成立。

尽管 ADMM 的收敛速度较慢，无法达到极高的精度，但通常情况下，在几十次迭代内，它已能够收敛到足够的精度，满足许多应用程序的要求。这使得 ADMM 类似于共轭梯度法等算法，在迭代数较少时能够产生可接受的实际结果。与牛顿法或内点法等算法相比，ADMM 的收敛速度可能较慢，但能够在合理的时间内获得较高的精度。

然而，在某些情况下，可以将 ADMM 与逐步生成高精度解的方法相结合[35]。在统计和机器学习问题中，ADMM 仍然能够以极高的精度解决参数估计问题。因此，尽管 ADMM 在收敛速度方面存在一定的局限性，但在实际应用中，它仍然是一种有效且可靠的优化算法。

3.2.3　最优性条件和停止标准

1. 最优性条件

ADMM 问题（3.9）最优性的充要条件是原始可行性

$$Ax^*+Bz^*-c=0 \tag{3.16}$$

和对偶可行性

$$0 \in \partial f\ (x^*)\ +A^{\mathrm{T}}y^* \tag{3.17}$$

$$0 \in \partial g\ (z^*)\ +B^{\mathrm{T}}y^* \tag{3.18}$$

其中，∂ 表示次微分算子；可参考文献 [2，36，37]（当 f 和 g 可微时，次微分 ∂f 和 ∂g 可以用梯度 ∇f 和 ∇g 代替，$\in$ 可以用 = 代替）。

根据定义，z^{k+1} 最小化 $L_\rho\ (x^{k+1},\ z,\ y^k)$，故

$$0 \in \partial g\ (z^{k+1})\ +B^{\mathrm{T}}y^k+\rho B^{\mathrm{T}}\ (Ax^{k+1}+Bz^{k+1}-c)$$

$$= \partial g\ (z^{k+1})\ +B^{\mathrm{T}}y^k+\rho B^{\mathrm{T}}r^{k+1}$$

$$= \partial g\ (z^{k+1})\ +B^{\mathrm{T}}y^{k+1}$$

这说明 z^{k+1} 和 y^{k+1} 总是满足式（3.18），因此，达到最优可归结为满足式（3.16）和式（3.17）。这种类似于乘子法的迭代总是对偶可行的。

根据定义，用 x^{k+1} 最小化 $L_\rho\ (x,\ z^k,\ y^k)$，故

$$0 \in \partial f\ (x^{k+1})\ +A^{\mathrm{T}}y^k+\rho A^{\mathrm{T}}\ (Ax^{k+1}+Bz^k-c)$$

$$= \partial f\ (x^{k+1})\ +A^{\mathrm{T}}\ (y^k+\rho r^{k+1}+\rho B\ (z^k-z^{k+1})\ )$$

$$= \partial f\ (x^{k+1})\ +A^{\mathrm{T}}y^{k+1}+\rho A^{\mathrm{T}}B\ (z^k-z^{k+1})$$

或者

$$\rho A^{\mathrm{T}}B\ (z^{k+1}-z^k)\ \in \partial f\ (x^{k+1})\ +A^{\mathrm{T}}y^{k+1}$$

这意味着

$$s^{k+1}=\rho A^{\mathrm{T}}B\ (z^{k+1}-z^k)$$

可视为对偶可行性条件（3.17）的残差。将 s^{k+1} 称为迭代 $k+1$ 时的对偶残差，将 $r^{k+1}=Ax^{k+1}+Bz^{k+1}-c$ 称为迭代 $k+1$ 时的原始残差。

综上所述，ADMM 问题的最优性条件包括三个，即式（3.16）~式（3.18）。最后一个条件（3.18）始终适用于 $(x^{k+1},\ y^{k+1},\ z^{k+1})$，另外两个残差（3.16）和（3.17）分别是原始残差 r^{k+1} 和对偶残差 s^{k+1}。随着 ADMM 的进行，这两个残差收敛到零。

2. 停止标准

最优性条件的残差与当前点的目标次优性的界相关，即 $f\ (x^k)\ +g\ (z^k)\ -p^*$。如前文证明收敛性所示，有

$$f\ (x^k)\ +g\ (z^k)\ -p^* \leqslant -(y^k)^{\mathrm{T}}r^k+(x^k-x^*)^{\mathrm{T}}s^k \tag{3.19}$$

这说明当残差 s^k 和 r^k 较小时，目标次优性也一定较小。然而，由于不知道 x^*，故不能在停止准则中直接使用这个不等式。但若猜测或估计 $\|\ x^k-x^*\ \|_2 \leqslant d$，则有

$$f\ (x^k)\ +g\ (z^k)\ -p^* \leqslant -(y^k)^{\mathrm{T}}r^k+d\|\ s^k\ \|_2 \leqslant \|\ y^k\ \|_2 \|\ r^k\ \|_2+d\|\ s^k\ \|_2$$

中间或右边的项可以用作目标次优性的近似界（这取决于对 d 的猜测）。这说明一个合理的终止准则是原始残差和对偶残差必须很小，即

$$\| r^k \|_2 \leqslant \varepsilon^{\mathrm{pri}} \text{ 且 } \| s^k \|_2 \leqslant \varepsilon^{\mathrm{dual}} \tag{3.20}$$

其中，$\varepsilon^{\mathrm{pri}}>0$ 和 $\varepsilon^{\mathrm{dual}}>0$ 分别是原始可行性条件（3.16）和对偶可行性条件（3.17）的可行公差。这些公差可以使用绝对和相对的标准来选择，例如

$$\varepsilon^{\mathrm{pri}} = \sqrt{p}\, \varepsilon^{\mathrm{abs}} + \varepsilon^{\mathrm{rel}} \max\ \{\ \| Ax^k \|_2,\ \ \| Bz^k \|_2,\ \ \| c \|_2 \}$$

$$\varepsilon^{\mathrm{dual}} = \sqrt{n}\, \varepsilon^{\mathrm{abs}} + \varepsilon^{\mathrm{rel}} \| A^{\mathrm{T}} y^k \|_2$$

其中，$\varepsilon^{\mathrm{abs}}>0$ 是绝对公差，$\varepsilon^{\mathrm{rel}}>0$ 是一个相对公差。相对停止准则的一个合理值可能是 $\varepsilon^{\mathrm{rel}} = 10^{-3}$ 或 10^{-4}，这取决于应用程序。绝对停止准则的选择取决于典型变量值的规模。

3.3 修正 ADMM 算法

3.3.1 不同的惩罚参数

一个标准的扩展是对每次迭代使用可能不同的惩罚参数 ρ^k，目的是提高实践中的收敛性，并使性能减少对惩罚参数初始选择的依赖。在乘子法的背景下，该方法在参考文献［38］中进行了收敛性分析，证明了若 $\rho^k \to \infty$，则可以实现超线性收敛。尽管当 ρ 随迭代变化时，很难证明 ADMM 的收敛性，但如果假设 ρ 在有限次的迭代后变得固定，那么固定 ρ 理论仍然适用。

一个简单有效的修正方案为（参见参考文献［39，40］）：

$$\rho^{k+1}: = \begin{cases} \tau^{\mathrm{incr}}\rho^k & \text{if } \| r^k \|_2 > \mu \| s^k \|_2 \\ \rho^k / \tau^{\mathrm{decr}} & \text{if } \| s^k \|_2 > \mu \| r^k \|_2 \\ \rho^k & \text{otherwise,} \end{cases} \tag{3.21}$$

其中，$\mu>1$、$\tau^{\mathrm{incr}}>1$ 和 $\tau^{\mathrm{decr}}>1$ 为参数。典型的选择可能是 $\mu = 10$ 和 τ^{incr}。这种惩罚参数更新背后的想法是试图将原始和对偶残差范数保持在彼此的因子 μ 之内，因为它们都收敛到零。

ADMM 更新公式表明，较大的 ρ 值会对违反原始可行性造成很大的惩罚，因此往往产生较小的原始残差。相反，s^{k+1} 的定义表明，较小的 ρ 值倾向于减少对偶残差，但以降低对原始可行性的惩罚为代价，这可能会导致更大的原始残差。调整方案（3.21）中，当原始残差比对偶残差大时，由 τ^{incr} 将 ρ 膨胀；当原始残差相对于对偶残差太小时，由 τ^{decr} 将 ρ 缩小。该方案也可以通过考虑 $\varepsilon^{\mathrm{pri}}>0$ 和 $\varepsilon^{\mathrm{dual}}>0$ 的相对大小来细化。

当不同的惩罚参数用于 ADMM 的缩放形式时，在更新 ρ 后也必须对缩放的对偶变量

$u^k = (1/\rho) y^k$ 进行重新缩放；例如，如果 ρ 减半，u^k 应该在继续之前加倍。

3.3.2 更一般的增广项

另一种想法是允许每个约束使用不同的惩罚参数，或者更一般地，将二次项 $(\rho/2)$ $\|r\|_2^2$ 替换为 $(1/2) t^T Pr$，其中 P 是一个对称正定矩阵。当 P 是常数时，可以将这个广义版本的 ADMM 解释为标准 ADMM 应用于一个修改的初始问题，等式约束 $r=0$ 替换为 $Fr=0$，即

$$\text{minimize} \quad f(x) + g(z)$$
$$\text{subject to} \quad F(Ax+Bz) = Fc$$

其中 $F^T F = P$。它的增广拉格朗日函数为

$$L_\rho(x, z, y) = f(x) + g(z) + y^T Fr + (1/2) r^T Pr.$$

3.3.3 超松弛

在 z–更新和 y–更新中，可以将 Ax^{k+1} 替换为

$$\alpha^k Ax^{k+1} - (1-\alpha^k)(Bz^k - c),$$

即

$$z^{k+1} := \underset{z}{\text{argmin}}(g(z) + (\rho/2) \| \alpha^k Ax^{k+1} - (1-\alpha^k)(Bz^k-c) + Bz - c + u^k\|_2^2)$$
$$y^{k+1} := y^k + \rho(\alpha^k Ax^{k+1} - (1-\alpha^k)(Bz^k-c) + Bz^{k+1} - c),$$

其中，$\alpha^k \in (0, 2)$ 是一个松弛参数；当 $\alpha^k > 1$ 时，该技术被称为超松弛，当 $\alpha^k < 1$ 时，它被称为欠松弛。在参考文献 [33] 中对该方案进行了分析，在参考文献 [41, 35] 中进行的实验表明，使用 $\alpha^k \in [1.5, 1.8]$ 的超松弛可以提高收敛性。

3.3.4 线性化 ADMM

针对问题 (3.9) 的 x–子问题和 z 子问题，令

$$\bar{f}^k(x) = \langle x-x^k, \nabla f(x^k)\rangle + \langle y^k, Ax\rangle + \frac{\rho}{2}\|Ax+Bz^k-c\|^2 + \frac{L}{2}\|x-x^k\|^2;$$

$$\bar{h}^k(z) = \langle z-z^k, \nabla g(z^k)\rangle + \langle y^k, Bz\rangle + \frac{\rho}{2}\|Ax^{k+1}+Bz-c\|^2 + \frac{L}{2}\|z-z^k\|^2.$$

$$\begin{cases} x^{k+1} = \text{argmin}_x \bar{f}^k(x) \\ y^{k+1} = \text{argmin}_y \bar{h}^k(y) \\ y^{k+1} = y^k + \rho(Ax^{k+1}+Bz^{k+1}-c) \end{cases}$$

其中，L>0 在迭代过程中依次执行 x–或 z–线性化目标函数更新，此技术能提高算法的可行性。

3.3.5 更新迭代顺序的 ADMM

另外一种修正 ADMM 算法涉及以不同的顺序或多次执行 x-、z-和 y-更新。例如，可以将变量分成 k 个块，在执行每个对偶变量更新之前，依次更新每个块（可能多次）；可参见参考文献［43］。在 y-更新之前执行多次 x-和 z-更新；如果在每次对偶更新之前执行多次更新原始变量，则所得算法非常接近标准乘子法，见参考文献［17，§3.4.4］。

3.3.6 对称式 ADMM 算法

对称交替方向乘子法的思想最早来源于 Peaceman 和 Rachford（PR）的分裂方法，迭代过程如下：

$$x^{k+1} := \underset{x}{\mathrm{argmin}} L_\rho\ (x,\ z^k,\ y^k)$$

$$y^{k+\frac{1}{2}} := y^k - \rho\ (Ax^{k+1} + Bz^k - c)$$

$$z^{k+1} := \underset{z}{\mathrm{argmin}} L_\rho\ (x^{k+1},\ z,\ y^{k+\frac{1}{2}})$$

$$y^{k+1} := y^{k+\frac{1}{2}} - \rho\ (Ax^{k+1} + Bz^{k+1} - c)$$

此类算法是在 x-和 z-更新之间执行额外的步长减半的 y-更新［17］。

3.3.7 其他相关算法

近几年也出现了很多受 ADMM 的启发而又不是 ADMM 算法的其他算法。如参考文献［44］将 ADMM 应用于对偶问题公式，产生了一个"对偶 ADMM"算法；参考文献［45］展示了 ADMM 算法与参考文献［46，§3.5.6］中讨论的"原始 Douglas-Rachford"方法等价。Zhu 等人在参考文献［47］讨论了分布式 ADMM 的修正版本，其可以处理各种复杂的问题，例如，为处理可交换消息中的噪声，或异步更新，在某些处理器或子系统随机发生故障的情况下很有用。还有近端 ADMM 算法[48,49,50]。其他有代表性的扩展见参考文献［51，52，41，53，54，55，56］。

参考文献

［1］ S. Boyd and L. Vandenberghe, Convex Optimization. Cambridge：Cambridge University Press，2004.

［2］ R. T. Rockafellar, Convex Analysis. Princeton：Princeton University Press，1970.

［3］ N. Z. Shor, Minimization Methods for Non-Differentiable Functions. Springer-Verlag，1985.

［4］ G. B. Dantzig and P. Wolfe，"Decomposition Principle for Linear Programs，" Operations

Research, Vol. 8, pp. 101−111, 1960.

[5]   J. F. Benders, "Partitioning Procedures for Solving Mixed−variables Programming Problems," Numerische Mathematik, Vol. 4, pp. 238−252, 1962.

[6]   G. B. Dantzig, Linear Programming and Extensions. RAND Corporation, 1963.

[7]   H. Everett, "Generalized Lagrange Multiplier Method for Solving Problems of Optimum Allocation of Resources," Operations Research, Vol. 11, No. 3, pp. 399−417, 1963.

[8]   L. S. Lasdon, Optimization Theory for Large Systems. MacMillan, 1970.

[9]   A. M. Geoffrion, "Generalized Benders Decomposition," Journal of Optimization Theory and Applications, Vol. 10, No. 4, pp. 237−260, 1972.

[10] D. G. Luenberger, Introduction to Linear and Nonlinear Programming. Addison−Wesley: Reading, MA, 1973.

[11] A. Bensoussan, J. −L. Lions, and R. Temam, "Sur les méthodes de décomposition, de d'ecentralisation et de coordination et applications," Methodes Mathematiques de l' Informatique, pp. 133−257, 1976.

[12] D. P. Bertsekas, Nonlinear Programming. Athena Scientific, second ed. , 1999.

[13] A. Nedi'c and A. Ozdaglar, "Cooperative distributed multi−agent optimization," in Convex Optimization in Signal Processing and Communications, (D. P. Palomar and Y. C. Eldar, eds.), Cambridge University Press, 2010.

[14] I. Necoara and J. A. K. Suykens, "Application of a Smoothing Technique to Decomposition in Convex Optimization," IEEE Transactions on Automatic Control, Vol. 53, No. 11, pp. 2674−2679, 2008.

[15] J. N. Tsitsiklis, Problems in Decentralized Decision Making and Computation. PhD thesis, Massachusetts Institute of Technology, 1984.

[16] J. N. Tsitsiklis, D. P. Bertsekas, and M. Athans, "Distributed Asynchronous Deterministic and Stochastic Gradient Optimization Algorithms," IEEE Transactions on Automatic Control, Vol. 31, No. 9, pp. 803−812, 1986.

[17] D. P. Bertsekas and J. N. Tsitsiklis, Parallel and Distributed Computation: Numerical Methods. Prentice Hall, 1989.

[18] Y. Censor and S. A. Zenios, Parallel Optimization: Theory, Algorithms, and Applications. Oxford University Press, 1997.

[19] A. Nedi'c and A. Ozdaglar, "Distributed Subgradient Methods for Multiagent Optimization," IEEE Transactions on Automatic Control, Vol. 54, No. 1, pp. 48−61, 2009.

［20］ J. C. Duchi, A. Agarwal, and M. J. Wainwright, "Distributed Dual Averaging in Networks," in Advances in Neural Information Processing Systems, 2010.

［21］ M. R. Hestenes, "Multiplier and Gradient Methods," Journal of Optimization Theory and Applications, Vol. 4, pp. 302−320, 1969.

［22］ M. R. Hestenes, "Multiplier and Gradient Methods," in Computing Methods in Optimization Problems (L. A. Zadeh, L. W. Neustadt, and A. V. Balakrishnan, eds.), Academic Press, 1969.

［23］ M. J. D. Powell, "A Method for Nonlinear Constraints in Minimization Problems," in Optimization (R. Fletcher, ed.), Academic Press, 1969.

［24］ A. Miele, E. E. Cragg, R. R. Iver, and A. V. Levy, "Use of the Augmented Penalty Function in Mathematical Programming Problems, Part 1," Journal of Optimization Theory and Applications, Vol. 8, pp. 115−130, 1971.

［25］ A. Miele, E. E. Cragg, and A. V. Levy, "Use of the Augmented Penalty Function in Mathematical Programming Problems, Part 2," Journal of Optimization Theory and Applications, Vol. 8, pp. 131−153, 1971.

［26］ A. Miele, P. E. Mosely, A. V. Levy, and G. M. Coggins, "On the Method of Multipliers for Mathematical Programming Problems," Journal of Optimization Theory and Applications, Vol. 10, pp. 1−33, 1972.

［27］ D. P. Bertsekas, Constrained Optimization and Lagrange Multiplier Methods. Academic Press, 1982.

［28］ K. J. Arrow and R. M. Solow, "Gradient Methods for Constrained Maxima, with Weakened Assumptions," in Studies in Linear and Nonlinear Programming, (K. J. Arrow, L. Hurwicz, and H. Uzawa, eds.), Stanford University Press: Stanford, 1958.

［29］ K. J. Arrow, L. Hurwicz and H. Uzawa, Studies in Linear and Nonlinear Programming. Stanford University Press: Stanford, 1958.

［30］ A. V. Fiacco and G. P. McCormick, Nonlinear Programming: Sequential Unconstrained Minimization Techniques. Society for Industrial and Applied Mathematics, 1990. First published in 1968 by Research Analysis Corporation.

［31］ G. H. Golub and C. F. van Loan, Matrix Computations. Johns Hopkins University Press, third ed. , 1996.

［32］ D. Gabay, "Applications of the Method of Multipliers to Variational Inequalities," in Augmented Lagrangian Methods: Applications to the Solution of Boundary−Value Problems

(M. Fortin and R. Glowinski, eds.), North-Holland: Amsterdam, 1983.

[33] J. Eckstein and D. P. Bertsekas, "On the Douglas-Rachford Splitting Method and the Proximal Point Algorithm for Maximal Monotone Operators," Mathematical Programming, Vol. 55, pp. 293-318, 1992.

[34] H. Br'ezis, Op'erateurs Maximaux Monotones et Semi-Groupes de Contractions dans les Espaces de Hilbert. North-Holland: Amsterdam, 1973.

[35] J. Eckstein and M. C. Ferris, "Operator-splitting Methods for Monotone Affine Variational Inequalities, with a Parallel Application to Optimal Control," INFORMS Journal on Computing, Vol. 10, pp. 218-235, 1998.

[36] J. Borwein and A. Lewis, Convex Analysis and Nonlinear Optimization: Theory and Examples. Canadian Mathematical Society, 2000.

[37] J.-B. Hiriart-Urruty and C. Lemar'echal, Fundamentals of Convex Analysis. Springer, 2001.

[38] R. T. Rockafellar, "Monotone Operators and the Proximal Point Algorithm," SIAM Journal on Control and Optimization, Vol. 14, p. 877, 1976.

[39] B. S. He, H. Yang, and S. L. Wang, "Alternating Birection Method with Selfadaptive Penalty Parameters for Monotone Variational Inequalities," Journal of Optimization Theory and Applications, Vol. 106, No. 2, pp. 337-356, 2000.

[40] S. L. Wang and L. Z. Liao, "Decomposition Method with a Variable Parameter for a Class of Monotone Variational Inequality Problems," Journal of Optimization Theory and Applications, Vol. 109, No. 2, pp. 415-429, 2001.

[41] J. Eckstein, "Parallel Alternating Direction Multiplier Decomposition of Convex Programs," Journal of Optimization Theory and Applications, Vol. 80, No. 1, pp. 39-62, 1994.

[42] E. G. Gol'shtein and N. V. Tret'yakov, "Modified Lagrangians in Convex Programming and Their Generalizations," Point-to-Set Maps and Mathematical Programming, pp. 86-97, 1979.

[43] A. Ruszczy'nski, "An augmented Lagrangian Decomposition Method for Block Diagonal Linear Programming Problems," Operations Research Letters, Vol. 8, No. 5, pp. 287-294, 1989.

[44] M. Fukushima, "Application of the Alternating Direction Method of Multipliers to Separable Convex Programming Problems," Computational Optimization and Applications, Vol. 1, pp. 93-111, 1992.

[45] J. Eckstein and M. Fukushima, "Some Reformulations and Applications of the Alternating Direction Method of Multipliers," Large Scale Optimization: State of the Art, pp. 119－138, 1993.

[46] J. Eckstein, Splitting Methods for Monotone Operators with Applications to Parallel Optimization. PhD thesis, MIT, 1989.

[47] H. Zhu, G. B. Giannakis, and A. Cano, "Distributed in－network Channel Decoding," IEEE Transactions on Signal Processing, Vol. 57, No. 10, pp. 3970–3983, 2009.

[48] R. T. Rockafellar, "Augmented Lagrangians and Applications of the Proximal Point Algorithm in Convex Programming," Mathematics of Operations Research, Vol. 1, pp. 97–116, 1976.

[49] G. Chen and M. Teboulle, "A Proximal－based Decomposition Method for Convex Minimization Problems," Mathematical Programming, Vol. 64, pp. 81–101, 1994.

[50] J. Eckstein, "Some Saddle－function Splitting Methods for Convex Programming," Optimization Methods and Software, Vol. 4, No. 1, pp. 75–83, 1994.

[51] J. Eckstein and D. P. Bertsekas, "An Alternating Direction Method for Linear Programming," Tech. Rep. , MIT, 1990.

[52] R. T. Rockafellar and R. J. －B. Wets, "Scenarios and Policy Aggregation in Optimization under Uncertainty," Mathematics of Operations Research, Vol. 16, No. 1, pp. 119－147, 1991.

[53] A. Ruszczy'nski, "On convergence of an augmented Lagrangian Decomposition Method for Sparse Convex Optimization," Mathematics of Operations Research, Vol. 20, No. 3, pp. 634–656, 1995.

[54] P. Tseng, "Alternating Projection－proximal Methods for Convex Programming and Variational Inequalities," SIAM Journal on Optimization, Vol. 7, pp. 951–965, 1997.

[55] P. Tseng, "A Modified Forward－backward Splitting Method for Maximal Monotone Mappings," SIAM Journal on Control and Optimization, Vol. 38, p. 431, 2000.

[56] P. L. Combettes and V. R. Wajs, "Signal Recovery by Proximal Forward－backward Splitting," Multiscale Modeling and Simulation, Vol. 4, No. 4, pp. 1168–1200, 2006.

[15] J. Eckstein and M. Fukushima. Some Reformulations and Applications of the Alternating Direction Method of Multipliers. In *Large Scale Optimization: State of the Art*, pp. 115–134, 1993.

[16] L. T. Facchinei. Splitting Methods for Nonlinear Operator ... von Applikationen In Optimization Phila Comm. 2013, 2013.

[17] R. Z. Wang, G. C. Comput...
RF.c Comm ...

[88] B. F. Recht ...
R. Corf ... Programming, ... Convn ... ...

Wu Chen and J. Pe-Aslu, "A Practical Award Decomposition Method for Large Conregation Problems," *Mathematical Programming*, Vol.20(?), pp.41–100, 1994.

　　f、g、A 和 B 中的结构通常可以用来更有效地执行 x-更新和 z-更新。这里我们考虑将在后面重复遇到的三个一般情况：二次目标项、可分离目标和约束，以及光滑目标项。我们将讨论 x-更新的形式，但对称性也适用于 z-更新。x-更新步骤可以表示为

$$x^+ = \underset{x}{\arg\min}\ \left(f(x) + (\rho/2)\ \|Ax-v\|_2^2 \right)$$

其中，$v = -Bz+c-u$ 是 x-更新中已知的常量向量。

4.1　近端算子表达形式

　　首先，考虑 $A=I$ 的简单情况，这在示例中经常出现。那么 x-更新为

$$x^+ = \underset{x}{\arg\min}\ \left(f(x) + (\rho/2)\ \|x-v\|_2^2 \right)$$

作为 v 的函数，将右侧记为 $\mathrm{prox}_{f,\rho}(v)$，称为 f 的带惩罚 ρ 的近端算子[1]。

　　在变分分析中，

$$\tilde{f}(v) = \underset{x}{\inf}\ \left(f(x) + (\rho/2)\ \|x-v\|_2^2 \right)$$

被称为 f 的 Moreau 包络或 Moreau–Yosida 正则化，且与近端点算法[2] 的理论相关。近端算子中的 x-最小化通常被称为近端最小化。虽然这些观察本身并不能提高 ADMM 的效率，但它能够将 x-最小化步骤与其他众所周知的想法联系起来。当函数 f 足够简单时，可以对

x-更新（近端算子）进行解析计算（相关例子见参考文献 ［3］）。例如，如果 f 是一个非空闭凸集 C 的指示函数，那么 x-更新为

$$x^+ = \underset{x}{\mathrm{argmin}}(f(x) + (\rho/2) \parallel x-v \parallel_2^2) = \prod_C (v)$$

其中，$\prod_C$ 表示对 C 的投影（欧氏范数），这与 ρ 的选择无关。例如，如果 f 是非负向量 $\mathfrak{R}_+^n$ 的指示函数，则有 $x^+ = (v)_+$，该向量通过取 v 的每个分量的非负部分得到。

4.2　二次目标项形式

假设 f 由（凸）二次函数给出

$$f(x) = (1/2) x^T Px + q^T x + r$$

其中，$P \in S_+^n$，S_+^n 为 $n \times n$ 对称半正定矩阵的集合。这包括 f 是线性或常数的情况，如将 P 或 P 和 q 均设为零。假设 $P+\rho A^T A$ 是可逆的，则 x^+ 是 v 的仿射函数，由

$$x^+ = (P+\rho A^T A)^{-1} (\rho A^T v - q) \tag{4.1}$$

给出。换句话说，计算 x-更新相当于求解一个具有正定系数矩阵 $P+\rho A^T A$ 和右侧 $\rho A^T v - q$ 的线性系统。适当地使用数值线性代数可以利用这一事实并显著提高性能，关于数值线性代数的一般背景，请参见参考文献 ［4］ 或 ［5］；有关直接法的简要概述，请参见参考文献 ［6］。

4.3　光滑目标函数项形式项

4.3.1　迭代求解

当 f 是平滑时，可以使用一般的迭代方法来进行 x-最小化步骤。特别有趣的是，那些只需要计算给定 x 的 $\nabla f(x)$、将向量乘以 A 以及将向量乘以 A^T 的方法。这种方法可以扩展到相对较大的问题。示例包括标准梯度法、（非线性）共轭梯度法和有限内存的 Broyden-Fletcher-Goldfarb-Shanno（L-BFGS）算法[7,8]，详情请参见参考文献 ［9］。

这些方法的收敛性取决于要最小化的函数的条件。二次惩罚项 $(\rho/2) \parallel Ax-v \parallel_2^2$ 的存在往往会改善问题的条件，从而提高更新 x 的迭代方法的性能。实际上，在迭代之间调整参数 ρ 的一种方法是增加它，直到用于执行更新的迭代方法收敛得足够快。

4.3.2　二次目标项

即使 f 是二次的，对于 x-更新，也值得使用迭代方法而不是直接法。在这种情况下，可以使用一种标准的（可能是预处理的）共轭梯度法。当直接法不起作用（比如，由于它们需要太多的内存），或者 A 很稠密但可以用一种快速的方法将向量乘以 A 或 A^T 时，这种方法是有意义的。例如，当 A 表示离散傅里叶变换[5] 时就是这种情况。

4.4　可分解的目标函数项形式

4.4.1　块可分离

假设 $x = (x_1, \cdots, x_N)$ 是将变量 x 划分为子向量，并且 f 在这个划分中是可分离的，即

$$f(x) = f_1(x_1) + \cdots + f_N(x_N)$$

其中，$x_i \in \Re^{n_i}$，$\sum_{i=1}^{N} n_i = N$。如果二次项 $\| Ax \|_2^2$ 也是相对于分区可分离，即 $A^{\mathrm{T}}A$ 是与分区一致的块对角矩阵，则增广拉格朗日 L_ρ 是可分离的。这意味着 x-更新可以并行进行，子向量 x_i 通过 N 个单独的最小化进行更新。

4.4.2　组件可分离

在某些情况下，分解一直扩展到 x 的各个分量，即

$$f(x) = f_1(x_1) + \cdots + f_n(x_n)$$

其中，$f_i: R \to R$，$A^{\mathrm{T}}A$ 是对角矩阵。x-最小化步骤可以通过 n 个标量最小化来实现，在某些情况下可以解析表示（但在任何情况下都可以非常有效地计算）。这称为组件可分离性。

4.4.3　软阈值

对于下文中经常出现的一个例子，考虑 $f(x) = \lambda \| x \|_1$（$\lambda > 0$）和 $A = I$。在这种情况下，（标量）x_i-更新为

$$x_i^+ := \underset{x_i}{\mathrm{argmin}}(\lambda | x_i | + (\rho/2)(x_i - v_i)^2)$$

即使第一项是不可微的，也可以很容易地用次微分法计算出这个问题的一个简单的封闭解，该研究的背景见参考文献 [10]。显然，解是

$$x_i^+ := S_{\lambda/\rho}(v_i)$$

其中，软阈值算子 S 被定义为

$$S_\kappa(a) = \begin{cases} a - \kappa, & a > \kappa \\ 0, & | a | \leqslant \kappa \\ a + \kappa, & a < -\kappa \end{cases}$$

或等价于

$$S_\kappa(a) = (a - \kappa)_+ - (-a - \kappa)_+$$

而另一个表明软阈值算子是一个收缩算子（向 0 移动一点）的公式是

$$S_\kappa(a) = (1 - \kappa/| a |)_+ a \quad （对于 a \neq 0） \tag{4.2}$$

我们将缩减到这种形式的更新称为 element-wise 软阈值。在 3.1 节中，软阈值是 L_1 范数的近端算子。

参考文献

［1］ J. -J. Moreau,"Fonctions Convexes Duales et Points Proximaux Dans un Espace Hilbertien," Reports of the Paris Academy of Sciences,Series A,Vol. 255,pp. 2897-2899,1962.

［2］ R. T. Rockafellar and R. J. -B. Wets,Variational Analysis. Springer-Verlag,1998.

［3］ P. L. Combettes and J. C. Pesquet,"Proximal Splitting Methods in SignalProcessing," arXiv:0912. 3522,2009.

［4］ J. W. Demmel,Applied Numerical Linear Algebra. SIAM:Philadelphia,PA,1997.

［5］ G. H. Golub and C. F. van Loan,Matrix Computations. Baltimore:Johns Hopkins University Press,third ed. ,1996.

［6］ S. Boyd and L. Vandenberghe,Convex Optimization. Cambrideg:Cambridge University Press,2004.

［7］ D. C. Liu and J. Nocedal,"On the Limited Memory Method for Large ScaleOptimization," Mathematical Programming B,Vol. 45,No. 3,pp. 503-528,1989.

［8］ R. H. Byrd,P. Lu,and J. Nocedal,"A Limited Memory Algorithm for BoundConstrained Optimization," SIAM Journal on Scientific and Statistical Computing, Vol. 16, No. 5, pp. 1190-1208,1995.

［9］ J. Nocedal and S. J. Wright,Numerical Optimization. Springer-Verlag,1999.

［10］ R. T. Rockafellar,Convex Analysis. Princeton:Princeton University Press,1970.

第5章 稀疏学习优化问题

本章正则化问题的讲述将有助于说明为什么 ADMM 适合机器学习，特别是统计问题。与前面第 3 章中提到的对偶上升或乘子法不同，ADMM 主要针对可分裂成两个不同部分（f 和 g）的问题，并且可以分别处理这两个部分。这种形式的问题在机器学习中很普遍，因为相当多的学习问题涉及最小化损失函数以及正则化项或侧约束。这里要说的侧约束一般是通过问题转换引入的，如将问题以共享的形式放在一起（共享问题在第 7 章中讨论）。本章主要讨论 ℓ_1 范数和 $\ell_{\frac{1}{2}}$ 范数下的各种简单且重要的机器学习问题及相应的 ADMM 算法。重点介绍这些问题的非分布式形式；分布式模型拟合问题将在后续章节中进行讨论。

5.1 最小绝对偏差（Least Absolute Deviations）

最小二乘拟合的一个简单变体是最小绝对偏差，这里最小化的是 $\| Ax-b \|_1$ 而不是 $\| Ax-b \|_2^2$。当数据包含较大的异常值时，最小绝对偏差提供了比最小二乘更稳健的拟合，这点在统计学和计量经济学中得到了广泛的应用。

为应用 ADMM 算法，问题可以被描述为

$$\text{minimize} \quad \| z \|_1$$
$$\text{subject to} \quad Ax-z=b$$

构造其增广拉格朗日函数

$$L_\rho\ (x,\ z,\ y)\ =\ \|z\|_1 + y^T\ (Ax - z - b)\ +\ (\rho/2)\ \|Ax - z - b\|_2^2$$

此时，$f=0$，$g=\|\cdot\|_1$。可以假设 $A^T A$ 是可逆的，因此类似式（3.10）～式（3.12）可得如下 ADMM 算法

$$x^{k+1} := (A^T A) - 1 A^T\ (b + z^k - y^k)$$

$$z^{k+1} := S_{\frac{1}{\rho}}\ (Ax^{k+1} - b + y^k)$$

$$y^{k+1} := y^k + Ax^{k+1} - z^{k+1} - b$$

其中软阈值运算符是按元素解释的。矩阵 $A^T A$ 只需分解一次即可，然后在后续的 x 迭代中使用更经济的反向求解。

x-更新步骤与用系数矩阵 A 和右侧 $b + z^k - u^k$ 进行最小二乘拟合的步骤相同。因此，ADMM 可以被解释为一种用于通过迭代求解具有修改的右侧相关最小二乘问题解决最小绝对偏差问题的方法；然后使用软阈值更新修改。使用因子分解缓存，后续最小二乘迭代的成本比初始最小二乘迭代的成本要小得多，通常使执行最小绝对偏差所需的时间与执行最小二乘所需的时间非常接近。

Huber 拟合（Huber Fitting）

存在于最小二乘和最小绝对偏差之间的问题是 Huber 函数拟合

$$\text{minimize } g^{\text{hub}}\ (Ax - b)$$

其中，对于小参数，Huber 罚函数为 g^{hub} 二次型，对于较大值，Huber 罚函数转换为绝对值，对于标量 a，它由下式给出：

$$g^{\text{hub}}\ (a)\ =\ \begin{cases} \dfrac{a^2}{2}, & |a| \leqslant 1 \\[2mm] |a| - \dfrac{1}{2}, & |a| > 1 \end{cases}$$

并扩展到作为分量的 Huber 函数之和的向量自变量，为简单起见，我们考虑标准 Huber 函数，它在级别 1 从二次型转变为绝对值。

这可以用上面的 ADMM 形式表示，除了 z-update 涉及 Huber 函数的邻近性运算符，而不是 ℓ_1 范数的邻近性运算符，这与 ADMM 算法是一致的：

$$z^{k+1} := \frac{\rho}{1+\rho}\ (Ax^{k+1} - b + u^k)\ +\frac{1}{1+\rho} S_{1+\frac{1}{\rho}}\ (Ax^{k+1} - b + u^k)$$

当最小二乘拟合 $x^{\text{ls}} = (A^T A)^{-1} b$ 对所有 i 满足 $|x_i^{\text{ls}}| \leqslant 1$ 时，它也是 Huber 拟合。在本例中，ADMM 分两步终止。

5.2 基准点追踪（Basis Pursuit）

基准点追踪算法是一类等式约束的极小化问题，

$$\text{minimize } \|x\|_1$$

$$\text{subject to } Ax = b$$

对于变量 $x \in R^n$，数据 $A \in R^{m \times n}$，$b \in R^m$，其中 $m < n$，基准点追踪算法通常被用作求解弱定线性方程组稀疏解的启发式方法。它在现代统计信号处理中发挥着核心作用，特别是压缩传感理论。

在 ADMM 模式下，基准点追踪可以被描述为

$$\text{minimize } f(x) + \|z\|_1$$

$$\text{subject to } x - z = 0$$

这里 f 是关于 $\{x \in R^n \mid Ax = b\}$ 的指标函数，因此 ADMM 算法可以表示为

$$x^{k+1} := \prod (z^k - y^k)$$

$$z^{k+1} := S_{\frac{1}{\rho}}(x^{k+1} + y^k)$$

$$y^{k+1} := y^k + x^{k+1} - z^{k+1}$$

其中，$\prod$ 是投影到 $\{x \in R^n \mid Ax = b\}$ 上的，涉及求解线性约束的最小欧几里得范数问题的 x 更新过程可以显式地写为：

$$x^{k+1} := (I - A^T(A^T A)^{-1} A)(z^k - y^k) + A^T(A^T A)^{-1} b$$

这里可以将基寻踪的 ADMM 解释为将最 ℓ_1 小范数问题的解归结为求解一系列最小欧氏范数问题。一类被称为 Bregman 迭代的算法在解决基寻踪等问题方面引起了人们极大的兴趣。对于基追踪及相关问题，Bregman 迭代正则化等价于乘子，分裂 Bregman 法等价于 ADMM。

5.3 广义 ℓ_1 正则化损失最小化

考虑广义问题

$$\text{minimize } l(x) + \lambda \|x\|_1 \tag{5.1}$$

其中，l 是任意的凸损失函数。

在 ADMM 形式下，这个问题可以写成

$$\text{minimize } l(x) + g(z)$$

$$\text{subject to } x - z = 0$$

其中，$g(z) = \lambda \|z\|_1$。该算法为：

$$x^{k+1} := \operatorname{argmin}\ (l\ (x)\ +\frac{\rho}{2}\ \|\ x-z^k+u^k\ \|_2^2)$$

$$z^{k+1} := S_{\lambda/\rho}\ (x^{k+1}+u^k)$$

$$u^{k+1} := u^k+x^{k+1}-z^{k+1}$$

x-update 是一个近端算子评估。如果 l 是光滑的，这可以用任何标准方法来完成，如牛顿法、准牛顿法、L-BFGS，或共轭梯度法。如果 l 是二次型，则 x 的极小化可以通过求解线性方程来实现。一般来说，我们可以将 ℓ_1 正规化损耗最小化的 ADMM 解释为将其简化为解决一系列 ℓ_1 正规化损耗最小化问题。

损耗函数 l 可以表示非常广泛的各种模型，包括广义线性模型[1] 和广义可加模型[2]。特别地，广义线性模型包括线性回归、逻辑回归、softmax 回归和泊松回归，因为它们允许任何指数族分布。对于 ℓ_1 正则化逻辑回归模型的一般背景参见参考文献 [3]。

为了使用正则化器 $g\ (z)$ 而不是 $\|z\|_1$，我们简单地用软阈值算子替代有 g 近端算子的 z-update。

5.4 Lasso

式（5.1）的一个重要的特殊情况是 ℓ_1 正则化线性回归，也称为 lasso[4]。这涉及解决

$$\text{minimize } \frac{1}{2} \|\ Ax-b\ \|_2^2+\lambda\ \|\ x\ \|_1 \tag{5.2}$$

其中，$\lambda>0$ 是一个标量正则化参数，通常由交叉验证选择。在典型的应用程序中，有比训练示例更多的特性，目标是为数据找到一个简洁的模型。关于 lasso 的一般背景，见参考文献 [3]。lasso 已被广泛应用，特别是对生物数据的分析，在大量可能的因素中，只有一小部分可以预测某些有趣的结果，见参考文献 [3] 的一个代表性案例研究。

在 ADMM 形式下，Lasso 问题可以写成

$$\text{minimize } \ f\ (x)\ +g\ (z)$$

$$\text{subject to } x-z=0$$

这里 $f\ (x) = \frac{1}{2} \|\ Ax-b\ \|_2^2$，$g\ (z) = \lambda\ \|\ x\ \|_1$。根据 4.2 节和 4.4 节，ADMM 变成

$$x^{k+1} := (A^{\mathrm{T}}A+\rho I)^{-1}\ (A^{\mathrm{T}}b+\rho\ (z^k-u^k)\ )$$

$$z^{k+1} := S_{\lambda/\rho}\ (x^{k+1}+u^k)$$

$$u^{k+1} := u^k+x^{k+1}-z^{k+1}$$

注意，$A^{\mathrm{T}}A+\rho I$ 总是可逆的，因为 $\rho>0$。x-update 本质上是岭回归（二次正则化最小二乘）计算，因此 ADMM 可以解释为通过迭代进行岭回归解决套 Lasso 问题的方法。当使用直接

方法时，我们可以缓存初始的因数分解，以使后续迭代更加方便。请参见参考文献［5］以获得图像处理中的应用程序示例。

5.4.1 广义 Lasso

Lasso 问题可以推广到

$$\text{minimize} \ \frac{1}{2} \parallel Ax-b \parallel_2^2 + \lambda \parallel Fx \parallel_1 \tag{5.3}$$

其中，F 是一个任意线性变换。一个重要的特殊情况是当 $F \in R^{(n-1) \times n}$ 是差别矩阵时，

$$F_{ij} = \begin{cases} 1, & j=i+1 \\ -1, & j=i \\ 0, & \text{otherwise} \end{cases}$$

在 $A=I$ 这种情况下，泛化简化为

$$\text{minimize} \ \frac{1}{2} \parallel x-b \parallel_2^2 + \lambda \sum_{i=1}^{n-1} | x_{i+1} - x_i | \tag{5.4}$$

第二项是 x 的总变化量。这个问题通常被称为全变分去噪[6]，在信号处理中有应用。当 $A=I$ 且 F 为二阶差分矩阵时，问题（5.3）称为 ℓ_1 趋势过滤[7]。

$$\text{minimize} \ \frac{1}{2} \parallel Ax-b \parallel_2^2 + \lambda \parallel z \parallel_1$$

$$\text{subject to } Fx-z=0$$

产生 ADMM 算法

$$x^{k+1} := (A^T A + \rho F^T F)-1 (A^T b + \rho F^T (z^k - u^k))$$

$$z^{k+1} := S_{\lambda/\rho} (x^{k+1} + u^k)$$

$$u^{k+1} := u^k + Fx^{k+1} - z^{k+1}$$

对于全变分去噪的特殊情况（5.4），$A^T A + \rho F^T F$ 是三对角线的，所以 x-update 可以在 $O(n)$ 里面进行[8]。对于 ℓ_1 趋势过滤，矩阵是五对角线的，所以 x-update 仍然是 $O(n)$。

5.4.2 Lasso 组

另一个例子，考虑用 $\sum_{i=1}^N \parallel x \parallel_2$ 替换正则器 $\parallel x \parallel_1$，其中 $x = (x_1, \cdots, x_N)$，且 $x_i \in R^{n_i}$。当 $n_i = 1$ 和 $N=n$ 时，简化为 ℓ_1 正则化问题（5.1）。这里正则器是可分离为 $x_1, \cdots, x_N$，但不能完全分离。这种 ℓ_1 范数正则化的扩展被称为 Lasso 群[9]，或者更一般地称为正则和[10]。

此问题的 ADMM 与上面的 z-update 相同，替换为块软阈值。

$$z_i^{k+1} := S_{\frac{\lambda}{\rho}}\left(x_i^{k+1}+u^k\right), \quad i=1, \cdots, N$$

其中，矢量软阈值算子 $S_\kappa: R^m \to R^m$ 为

$$S_\kappa = \left(1-\frac{k}{\|a\|_2}\right)_+ a$$

$S_\kappa(0)=0$。当 a 为标量时，该公式简化为标量软阈值算子，并推广式（5.2）中给出的表达式。

这可以进一步扩展以处理重叠的组，在生物信息学和其他应用中通常很有用[11,12]。在这个案例中，我们有 N 个可能重叠的组 $G_i \subseteq \{1, \cdots, n\}$，目标为

$$\left(\frac{1}{2\|Ax-b\|_2^2} + \lambda \sum_{i=1}^N \|xG_i\|_2\right)$$

其中，xG_i 是包含 G_i 元素的 x 的子向量。由于组可能重叠，这种目标很难用许多标准方法进行优化，但用 ADMM 就很简单了。使用 ADMM，引入 N 个新变量 $x_i \subseteq R^{|G_i|}$，并考虑问题

$$\text{minimize} \left(\frac{1}{2\|Ax-b\|_2^2} + \lambda \sum_{i=1}^N \|x_i\|\right)$$

$$\text{subject to } x_i - \tilde{z}_i = 0, \quad i=1, \cdots, N$$

具有局部变量 x_i 和全局变量 z。这里，属于 $\tilde{z}_i$ 是全局变量 z 关于局部变量 x_i 应该是什么的思想，并且由 z 的线性函数给出。这遵循一般形式共识优化的符号，在 5.2 中详细概述，重叠组 lasso 问题是一种特殊情况。

5.5 稀疏逆协方差选择

给定一个由 R^n 中零均值高斯分布的样本组成的数据集

$$a_i \sim N(0, \Sigma), \quad i=1, \cdots, N$$

考虑在先前假设 Σ^{-1} 是稀疏的情况下估计协方差矩阵 Σ 的任务。由于当且仅当随机变量的第 i 个和第 j 个分量有条件地独立，在给定其他变量的情况下，$(\Sigma^{-1})_{ij}$ 为零。该问题等价于估计高斯无向图形模型表示的拓扑结构的结构学习问题[13]。确定逆协方差矩阵 Σ^{-1} 的稀疏模式也称为协方差选择问题。

对于非常小的 n，在 Σ^{-1} 中搜索所有的稀疏模式是可行的，因为对于固定的稀疏模式，确定 Σ 的最大似然估计是一个可处理的（凸优化）问题。一个很好的启发是，规模到 n 的更大的值是最小化的负对数似然（关于参数 $X=\Sigma^{-1}$）与 ℓ_1 正则项，以促进估计逆协方差矩阵[14] 的稀疏性。若 S 为经验协方差矩阵 $\frac{1}{N}\sum_{i=1}^N a_i a_i^T$，则估计问题可写成

$$\text{minimize} \quad \text{Tr}\ (SX)\ -\log\det X + \lambda \parallel x \parallel_1$$

其中，变量 $X \in S_+^n$，$\parallel \cdot \parallel_1$ 是元素定义的，即全部项的绝对值的和，logdet 是 S_{++}^n 的，对称正定矩阵 $n \times n$ 的集合。这是一般 ℓ_1 正则化问题（5.1）的一个特殊情况，带有（凸）损失函数 $l\ (X)\ = \text{Tr}\ (SX)\ -\log\det X$。

协方差选择的思想最初是由 Dempster[15] 提出的，Meinshausen 和 Buhlmann[16] 首先在稀疏的高维区域研究了协方差选择，以上问题的形式是源于 Banerjee 等人[14]。关于这个问题的其他一些近期的论文包括 Friedman 等人的图形 lasso[17]，Duchi 等[18]、Lu[19]、Yuan[20]、Scheinberg 等[21]，其中最后一篇论文表明 ADMM 在这个问题上优于最先进的方法。

稀疏逆协方差选择的 ADMM 算法是

$$X^{k+1} := \underset{X}{\arg\min}\ (\text{Tr}\ (SX)\ -\log\det X + \frac{\rho}{2} \parallel X - Z^k + U^k \parallel_F^2)$$

$$Z^{k+1} : \underset{Z}{\arg\min}\ (\lambda \parallel Z \parallel_1 + \frac{\rho}{2} \parallel X^{k+1} - Z + U^k \parallel_F^2)$$

$$U^{k+1} := U^k + X^{k+1} - Z^{k+1}$$

其中，$\parallel \cdot \parallel_F$ 是弗洛贝尼乌斯范数。

该算法可以进一步简化。Z 的最小化步骤是元素软阈值

$$Z_{ij}^{k+1} := S_{\lambda/\rho}\ (X_{ij}^{k+1} + U_{ij}^{k+1})$$

x 极小化也有一个解析解。一阶最优性条件是梯度应该消失

$$S - X^{-1} + \rho\ (X - Z^k + U^k)\ = 0$$

和隐式约束 $X \to 0$。重写为

$$\rho X - X^{-1} = \rho\ (Z^k - U^k)\ - S \tag{5.5}$$

我们将构造一个满足此条件的矩阵 X，从而使最小化为 X 最小化目标。首先，取右手边的正交特征值分解

$$\rho\ (Z^k - U^k)\ - S = Q \Lambda Q^{\mathrm{T}}$$

其中，$\Lambda = \text{diag}\ (\lambda_1, \cdots, \lambda_n)$ 和 $Q^{\mathrm{T}}Q = QQ^{\mathrm{T}} = I$。将（5.5）左乘 Q^{T}，右乘 Q 得到

$$\rho \tilde{X} - \tilde{X}^{-1} = \Lambda$$

其中，$\tilde{X} = Q^{\mathrm{T}}XQ$。我们现在可以构造这个方程的对角线解，即找到满足 ρ 属于 $\tilde{X}_{ii}$ 满足 $\rho \tilde{X}_{ii} - 1/\tilde{X}_{ii} = \lambda_i$ 的正数。根据二次公式

$$\tilde{X}_{ii} = \frac{\lambda_i + \sqrt{\lambda_i^2 + 4\rho}}{2\rho}$$

它们总是正的，因为 $\rho > 0$。由此可见，$X = Q\hat{X}Q^T$ 满足优化条件（4.5），因此这是 X 的最小化的解决方案。X 更新的计算工作量是一个对称矩阵的特征值分解。

5.6 $l_{\frac{1}{2}}$ 正则化

在压缩感知问题中，$\|x\|_0$ 代表 x 的非零元素的个数，称之为 l_0 范数。但是对于 l_0 范数问题往往是 NP-hard 问题，难以求解，因此将 l_0 可以范数松弛到 $l_{\frac{1}{2}}$ 范数来解决。这时有如下问题：

$$\min \gamma \|x\|_{\frac{1}{2}}^{\frac{1}{2}} + \|y\|^2$$

$$s.t. \; Dx - y = b$$

其中，$D \in R^{m \times n}$ 是测量矩阵，$b \in R^n$ 是观测数据，代入 ADMM 算法，可以得到如下求解公式的显式表达式：

$$\begin{cases} x^{k+1} \in H\left(x^k - \dfrac{\beta}{\mu}D^T Dx^k + \dfrac{1}{\mu}D^T(\beta y^k + \lambda^k + \beta b)\right); \; \dfrac{2\gamma}{\mu}\right) \\ y^{k+1} = \dfrac{1}{2+\beta}(\beta Dx^{k+1} - \lambda^k - \rho_k(y^k 1 - y^k)) \\ \lambda^{k+1} = \lambda^k - \beta(Dx^{k+1} - y^{k+1} - b) \end{cases}$$

其中，$H(\cdot, \cdot)$ 表示半阈值算子，其定义为 $H(x, \alpha) = \{h_\alpha^1, h_\alpha^2, \cdots, h_\alpha^n\}$

$$x_1(i) = \begin{cases} \dfrac{2x_i}{3}\left(1 + \cos\left(\dfrac{2}{3}(\pi - \varphi(|h_\alpha^i|))\right)\right), & |h_\alpha^i| > \dfrac{\sqrt[3]{54}}{4}\alpha^{2/3}; \\ 0, & \text{otherwise}; \end{cases}$$

$$\phi(|h_\alpha^i|) = \arccos\left(\dfrac{\alpha}{8}\left(\dfrac{|h_\alpha^i|}{3}\right)^{-(3/2)}\right).$$

二分之一正则化技术结合 ADMM 算法，在矩阵分解，矩阵重建，背景提取，RPCA 问题中都有着广泛的应用。

参考文献

［1］ P. J. McCullagh and J. A. Nelder, Generalized Linear Models. Chapman & Hall, 1991.

［2］ T. Hastie and R. Tibshirani, Generalized Additive Models. Chapman & Hall, 1990.

［3］ T. Hastie, R. Tibshirani, and J. Friedman, The Elements of Statistical Learning: Data Mining, Inference and Prediction. Springer, second ed., 2009.

［4］ R. Tibshirani,"Regression Shrinkage and Selection Via the Lasso,"Journal of the Royal Statistical Society,Series B,Vol. 58,pp. 267−288,1996.

［5］ M. V. Afonso,J. M. Bioucas−Dias,and M. A. T. Figueiredo,"Fast Image Recovery Using Variable Splitting and Constrained Optimization,"IEEE Transactions on Image Processing,Vol. 19,No. 9, pp. 2345−2356,2010.

［6］ L. Rudin,S. J. Osher,and E. Fatemi,"Nonlinear Total Variation Based Noise Removal Algorithms,"Physica D,Vol. 60,pp. 259−268,1992.

［7］ S. −J. Kim,K. Koh,S. Boyd,and D. Gorinevsky,"1 Trend Filtering,"SIAM Review,Vol. 51, No. 2,pp. 339−360,2009.

［8］ G. H. Golub and C. F. van Loan,Matrix Computations. Johns Hopkins University Press,third ed. ,1996.

［9］ M. Yuan and Y. Lin,"Model Selection and Estimation in Regression with Grouped Variables," Journal of the Royal Statistical Society:Series B(Statistical Methodology),Vol. 68,No. 1, pp. 49−67,2006.

［10］ H. Ohlsson,L. Ljung,and S. Boyd,"Segmentation of ARX−models Using Sumof−norms Regularization,"Automatica,Vol. 46,pp. 1107−1111,20.

［11］ P. Zhao,G. Rocha,and B. Yu,"The Composite Absolute Penalties Family for Grouped and Hierarchical Variable Selection," Annals of Statistics, Vol. 37, No. 6A, pp. 3468 − 3497,2009.

［12］ J. Mairal,R. Jenatton,G. Obozinski,and F. Bach,"Network Flow Algorithms for Structured Sparsity,"Advances in Neural Information Processing Systems,Vol. 24,2010.

［13］ D. Koller and N. Friedman,Probabilistic Graphical Models:Principles and Techniques. MIT Press,2009.

［14］ O. Banerjee,L. E. Ghaoui,and A. d'Aspremont,"Model Selection Through Sparse Maximum Likelihood Estimation for Multivariate Gaussian or Binary Data," Journal of Machine Learning Research,Vol. 9,pp. 485−516,2008.

［15］ A. P. Dempster,"Covariance Selection,"Biometrics,Vol. 28,No. 1,pp. 157−175,1972.

［16］ N. Meinshausen and P. Bühlmann,"High−dimensional Graphs and Variable Selection with the Lasso,"Annals of Statistics,Vol. 34,No. 3,pp. 1436−1462,2006.

［17］ J. Friedman,T. Hastie,and R. Tibshirani,"Sparse Inverse Covariance Estimation with the Graphical Lasso,"Biostatistics,Vol. 9,No. 3,p. 432,2008.

［18］ J. C. Duchi,S. Gould,and D. Koller,"Projected Subgradient Methods for Learning Sparse

Gaussians, "in Proceedings of the Conference on Uncertainty in Artificial Intelligence, 2008.

[19] Z. Lu, "Smooth Optimization Approach for Sparse Covariance Selection, "SIAM Journal on Optimization, Vol. 19, No. 4, pp. 1807–1827, 2009.

[20] X. M. Yuan, "Alternating Direction Methods for Sparse Covariance Selection, " Preprint, Available at http://www. optimization-online. org/DB_FILE/2009/09/2390. pdf, 2009.

[21] K. Scheinberg, S. Ma, and D. Goldfarb, "Sparse Inverse Covariance Selection Via Alternating Linearization Methods, "in Advances in Neural Information Processing Systems, 2010.

第6章　全局变量一致优化

本章考虑单个全局变量的情况，将目标和约束项分成 N 个部分

$$\text{minimize} \quad f(x) = \sum_{i=1}^{N} f_i(x)$$

其中，$x \in \mathbf{R}^n$，且 $f_i : x \in \mathbf{R}^n \to \mathbf{R} \cup \{+\infty\}$ 是凸的。称 f_i 为目标函数中的第 i 项。当约束被违反时，每个项也可以通过分配 $f_i(x) = +\infty$ 编码约束。其目标是使每项可以由其自己的处理元素，如线程或处理器解决上述问题。

此类问题可能出现在多种情况下。例如，在模型拟合中，x 表示模型中的参数，f_i 表示与第 i 块数据或测量值相关的损失函数。在这种情况下，我们可以说 x 是通过协同过滤找到的，因为数据源是通过"协作"开发一个全局模型。

这个问题可以用局部变量 $x_i \in \mathbf{R}^n$ 和一个通用全局变量 z 重写为如下模型

$$\text{minimize} f(x) = \sum_{i=1}^{N} f_i(x_i)$$

$$\text{subject to } x_i - z = 0, \ i = 1, \cdots, N \tag{6.1}$$

由于约束条件是所有局部变量必须一致，即相等，因此这被称为全局一致性问题。一致性问题可以被视为一种能将经常出现但由于变量被跨项共享的累积目标 $\sum_{i=1}^{N} f_i(x)$ 转化为易分

裂的可分离目标 $\sum_{i=1}^{N} f_i(x_i)$ 的简单技巧。关于一致性问题算法的讨论，参见参考文献 [1]。

问题 (6.1) 的 ADMM 可以直接从如下的增广拉格朗日直接推导出来

$$L_\rho(x_1, \cdots, x_N, z, y) = \sum_{i=1}^{N} (f_i(x_i) + y_i^T(x_i - z) + (\rho/2) \parallel x_i - z \parallel_2^2)$$

相应的 ADMM 算法如下

$$x_i^{k+1} := \underset{x_i}{\arg\min}(f_i(x_i) + y_i^{kT}(x_i - z^k) + (\rho/2) \parallel x_i - z^k \parallel_2^2)$$

$$z^{k+1} := \frac{1}{N} \sum_{i=1}^{N} (x_i^{k+1} + (1/\rho) y_i^k) \tag{6.2}$$

$$y_i^{k+1} := y_i^k + \rho(x_i^{k+1} - z^{k+1}) \tag{6.3}$$

这里用 y^{kT} 代替 $(y^k)^T$ 来简化符号。对于每一个 $i = 1, \cdots, N$，第一步和最后一步都是独立执行的。在本章中，处理全局变量 z 的过程有时被称为中央收集器或融合中心。需注意，迭代后的 z 只是 $x^{k+1} + (1/\rho) y^k$ 在"块常数"向量中约束集 C 上的投影。

该算法可以进一步简化。在代表向量的字母上加上划线表示向量的平均值（在 $i = 1, \cdots, N$ 上），因此迭代后的 z 可以被写为 $z^{k+1} = \bar{x}^{k+1} + (1/\rho) \bar{y}^k$

$$z^{k+1} = \bar{x}^{k+1} + (1/\rho) \bar{y}^k \tag{6.4}$$

类似地，对迭代后的 y 求平均值可得

$$\bar{y}^{k+1} = \bar{y}^k + \rho(\bar{x}^{k+1} - z^{k+1}) \tag{6.5}$$

将 (6.4) 代入 (6.5) 可知 $\bar{y}^{k+1} = 0$ $\bar{y}^{k+1} = 0$，即对偶变量在第一次迭代后的平均值为 0。令 $z^k = \bar{x}^k$，ADMM 可以写成

$$x_i^{k+1} := \underset{x_i}{\arg\min}(f_i(x_i) + y_i^{kT}(x_i - \bar{x}^k) + (\rho/2) \parallel x_i - \bar{x}^k \parallel_2^2)$$

$$y_i^{k+1} := y_i^k + \rho(x_i^{k+1} - \bar{x}^{k+1})$$

当 f_i 均为凸集的指示函数时，此问题称之为凸可行问题，相应地，平行投影算法对应这里的一致性 ADMM 算法。

一致性 ADMM 算法很直观，通过对两个变量的单独迭代更新，可以让变量保持一致，而二次正则化可以帮助其在尽量减少每一个局部 f_i 的情况下接近其平均值。

一致性 ADMM 是一种处理目标和约束分布在多个处理器上的问题的方法。它将问题分解为每个处理器独立处理的目标项和约束项，并通过引入一个在每次迭代中更新的二次项，来实现问题的求解。这个二次项的更新方式使得变量逐步收敛到一个共同的值，从而得到整个问题的解决方案。一致性 ADMM 的关键思想是通过迭代的协调和通信，将各个处理器上的局部解逐步融合为一个全局解，从而实现问题的解决。一致性 ADMM 的优势

在于能够有效地利用并行处理的优势，并将大规模问题分解为更小的子问题，从而提高求解效率和速度。每个处理器只需要处理自己负责的部分，并与其他处理器进行协作和信息交换，最终达到全局一致的解。通过这种分布式求解的方式，一致性 ADMM 为解决大规模、复杂的问题提供了一种有效而可行的方法。

总之，一致性 ADMM 是一种解决目标和约束分布在多个处理器上的问题的方法，通过分解和协调的方式，将各个处理器上的局部解逐步融合为一个全局解。这种方法能够充分利用并行处理的优势，并提高求解效率和速度，为解决大规模、复杂的问题提供了一种有效的途径。

对于一致性 ADMM，原始残差和对偶残差是

$$r^k = (x_1^k - \bar{x}^k, \cdots, x_N^k - \bar{x}^k), \quad s^k = -\rho (\bar{x}^k - \bar{x}^{k-1}, \cdots, \bar{x}^k - \bar{x}^{k-1})$$

所以它们的（平方）范数是

$$\| r^k \|_2^2 = \sum_{i=1}^{N} \| x_i^k - \bar{x} \|_2^2, \quad \| s^k \|_2^2 = N\rho^2 \| \bar{x}^k - \bar{x}^{k-1} \|_2^2$$

第一项是 N 乘以点 $x_1, \cdots, x_N$ 的标准差，是一致性（缺乏）的自然衡量标准。

当原始一致性问题为参数拟合问题时，第 x 个迭代步骤具有直观的统计解释。假设 f_i 是参数 x 的负对数似然函数，其中第 i 个处理元素的测量值或数据给定。那么给定高斯先验分布 $N(\bar{x}^k + (1/\rho) y_i^k, \rho I)$ 时，x_i^{k+1} 正是参数的最大后验（MAP）估计。先验均值的表达式也很直观：它是前一次迭代中局部参数估计的平均值 $\bar{x}^k$，也可译为 y_i^k，即与前一次迭代不一致的第 i 个处理器的"价格"，还需要注意在增广形式中使用不同形式的惩罚将导致这种先验分布发生相应的变化。例如，使用矩阵惩罚 P 而不是标量 ρ 意味着高斯先验分布的协方差是 P 而不是 ρI。

6.1 正则化的全局变量一致性

在全局变量一致性问题的一个简单变形中，一个通常代表简单的约束或正则化的目标项 g 由中心收集器处理

$$\text{minimize} \sum_{i=1}^{N} f_i(x_i) + g(z)$$
$$\text{subject to } x_i - z = 0, \quad i = 1, \cdots, N \tag{6.6}$$

所得到的 ADMM 算法是

$$x_i^{k+1} := \underset{x_i}{\text{argmin}} (f_i(x_i) + y_i^{kT}(x_i - z^k) + (\rho/2) \| x_i - z^k \|_2^2) \tag{6.7}$$

$$z^{k+1} := \underset{z}{\text{argmin}} \left(g(z) + \sum_{i=1}^{N} (-y_i^{kT} z + (\rho/2) \| x_i^{k+1} - z \|_2^2) \right) \tag{6.8}$$

$$y_i^{k+1} := y_i^k + \rho(x_i^{k+1} - z^{k+1}) \tag{6.9}$$

结合线性项和二次项，就像一致性 ADMM 中一样，我们可以将 z 迭代表示为一个平均步骤，然后是涉及 g 的近端步骤

$$z^{k+1} := \underset{z}{\operatorname{argmin}} \left(g(z) + (N\rho/2) \left\| z - \bar{x}^{k+1} - \left(\frac{1}{\rho}\right) y^k \right\|_2^2 \right)$$

在 g 不为零的情况中，通常不会存在 $\bar{y}^k = 0$，因此我们不能像一致 ADMM 中那样从迭代后的 z 中删除 y_i 项。

例如，对于 $g(z) = \lambda \| z \|_1$，其中 $\lambda > 0$，z 迭代的第二步是一个软阈值操作

$$z^{k+1} := S_{\lambda/N\rho} (\bar{x}^{k+1} - (1/\rho) \bar{y}^k)$$

另一个简单的例子，假设 g 是 $\mathbf{R}_+^n$ 的指示函数，这意味着 g 项强制变量成为非负的。在本例中，迭代为 $z^{k+1} := (\bar{x}^{k+1} - (1/\rho) \bar{y}^k)_+$

$$z^{k+1} := (\bar{x}^{k+1} - (1/\rho) \bar{y}^k)_+$$

针对这个问题的 ADMM 缩放也有另一个形式，为了方便起见，我们在这里列出

$$x_i^{k+1} := \underset{x_i}{\operatorname{argmin}} (f_i(x_i) + (\rho/2) \| x_i - z^k + u_i^k \|_2^2) \tag{6.10}$$

$$z^{k+1} := \underset{z}{\operatorname{argmin}} (g(z) + (N\rho/2) \| z - \bar{x}^{k+1} - \bar{u}^k \|_2^2) \tag{6.11}$$

$$u_i^{k+1} := u_i^k + x_i^{k+1} - z^{k+1} \tag{6.12}$$

在许多情况下，这个版本比未缩放的形式更简单，更易于使用。

6.2　一致问题的一般形式

现在考虑一致最小化问题的更一般形式，其中我们有局部变量 $x_i \in R^{n_i}$，$i = 1, \cdots, N$，目标 $f_1(x_1) + \cdots + f_N(x_N)$ 在 x_i 可分。这些局部变量中的每一个都由全局变量 $z \in \mathbf{R}^n$ 的部分组成。也就是说，每个局部变量的每个分量对应于某个全局变量分量 z_g。从局部变量索引到全局变量索引的映射可以写成 $g = \mathcal{G}(i, j)$，这意味着局部变量分量 $(x_i)_j$ 对应于全局变量分量 z_g。

在局部变量和全局变量之间达成一致意味着

$$(x_i)_j = z_{\mathcal{G}(i,j)}, \quad i = 1, \cdots, N, \quad j = 1, \cdots, n_i$$

如果 $\mathcal{G}(i, j) = j$ 对于所有 i 成立，那么每个局部变量就是全局变量的一个副本，一致问题转化为全局变量一致问题，$x_i = z$。一般一致问题是有意义的，假如在 $n_i < n$ 的情况下，每个局部向量只包含少量的全局变量。

在模型拟合的背景下，以下是一般形式一致问题自然产生的一种方式。全局变量 z 是完整的特征向量（如模型参数向量或数据中的自变量），并且数据的不同子集分布在 N 个处理机中，则 x_i 可以被视为对应于出现在第 i 个数据块中的（非零）特征的 z 的子向量。换句话说，每个处理机仅处理其数据块，并且仅处理与该数据块相关的模型系数子集。如果在每个数据块中，所有回归变量都以非零值出现，那么这就变成了全局一致。

举例来说，假设有一个训练数据集，其中每个训练示例代表一个文档。特征可以包括文档中的单词或单词的组合，用于捕捉文本的特征。在实际情况中，通常只有一小部分单词在每个文档中出现，而其他单词则不会出现。这意味着每个处理机只能处理其本地文档集中出现的单词。通过将数据分布在多个处理机上，每个处理机只需处理其拥有的本地文档和相关特征，可以有效减轻计算负担。特别对于高维且稀疏的数据集，这种分布式方法能更高效地处理数据。由于每个处理机只关注本地数据的特征，可以并行地计算，从而加快整体模型拟合的速度。这种分布式处理的方式能够充分利用计算资源，并提高机器学习的效率。

这种基于分布式处理的方法能够更好地利用高维稀疏数据集的特点。通过将数据分割成不同的部分并分布在多个处理机上，我们能够充分利用数据的局部性质，从而提高计算效率和模型的准确性。因此，在处理高维稀疏数据集时，这种分布式的特征处理方法能够提供更好的性能和结果。

为了便于标注，定义 $\tilde{z}_i \in \mathbf{R}^{n_i}$ 为 $(\tilde{z}_i)_j = z_{G(i,j)}$。直观地说，$\tilde{z}_i$ 是全局变量的概念，即局部变量 $\tilde{z}_i$ 应该是什么。然后，一致问题约束可以非常简单地写成 $x_i - \tilde{z}_i = 0$，$i = 1, \cdots, N$。

一般形式的一致问题

$$\begin{aligned} \text{minimize} \quad & \sum_{i=1}^{N} f_i(x_i) \\ \text{subject to} \quad & x_i - \tilde{z}_i = 0, \quad i = 1, \cdots, N, \end{aligned} \tag{6.13}$$

变量 $x_1, \cdots, x_N$ 和 z（$\tilde{z}_i$ 是 z 的线性函数）。

图 6.1 中展示了一个简单的示例。在这个例子中，我们有 $N = 3$ 个子系统，全局可变维度 $n = 4$，并且局部可变维度 $n_1 = 4$，$n_2 = 2$，$n_3 = 3$。左边是局部变量，右边是全局变量。目标项和全局变量形成一个二分图，每边代表局部变量分量和全局变量之间的一致约束。

式（6.13）的增广拉格朗日函数是

$$L_\rho(x, z, y) = \sum_{i=1}^{N} \left(f_i(x_i) + y_i^{\mathrm{T}}(x_i - \tilde{z}_i) + (\rho/2) \| x_i - \tilde{z}_i \|_2^2 \right)$$

对偶变量：$y_i \in \mathbf{R}^{n_i}$。然后 ADMM 由迭代组成

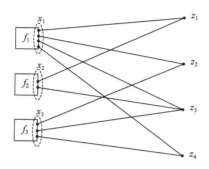

图 6.1   一般形式共识优化

$$x_i^{k+1} : = \underset{x_i}{\operatorname{argmin}} \left(f_i(x_i) + y_i^{kT} x_i + (\rho/2) \parallel x_i - \tilde{z}_i^k \parallel_2^2 \right)$$

$$z^{k+1} : = \underset{z}{\operatorname{argmin}} \left(\sum_{i=1}^m \left(- y_i^{kT} \tilde{z}_i + (\rho/2) \parallel x_i^{k+1} - \tilde{z}_i \parallel_2^2 \right) \right)$$

$$y_i^{k+1} : = y_i^k + \rho(x_i^{k+1} - \tilde{z}_i^{k+1})$$

其中对于每个 i，x_i-更新和 y_i-更新可以独立地进行。

z-更新步骤在 z 的各元素之间解耦，因为 L_p 在其各元素中是完全可分离的

$$z_g^{k+1} : = \frac{\sum_{\mathcal{G}(i, j) = g} \left((x_i^{k+1})_j + (1/\rho)(y_i^k)_j \right)}{\sum_{\mathcal{G}(i, j) = g} 1}$$

所以 z_g 是通过对对应于全局索引 g 的所有元素 $x_i^{k+1} + (1/\rho) y_i^k$ 求平均值得到的，应用与全局变量一致情况相同类型的参数，我们可以表明在第一次迭代之后

$$\sum_{\mathcal{G}(i, j) = g} (y_i^k)_j = 0$$

例如，对应于任何给定全局索引 g 的对偶变量项的和是零。因此，z-更新步骤可以更简单地写成：

$$z_g^{k+1} : = (1/k_g) \sum_{\mathcal{G}(i, j) = g} (x_i^{k+1})_j$$

其中，k_g 是对应于全局变量 z_g 的本地变量项的数量。换言之，z-更新是每个 z_g 的局部平均，而不是全局平均；在协同过滤的语言中，我们可以说，只有对特征 z_g 有意见的处理元素才会对 z_g 表决。

6.3   正则化的一般形式一致问题

在全局一致的情况下，通过允许全局变量节点处理一个目标项，可以将一般形式的一致问题一般化。考虑问题

$$\text{minimize} \quad \sum_{i=1}^{N} f_i(x_i) + g(z)$$

$$\text{subject to} \quad x_i - \tilde{z}_i = 0, \quad i = 1, \cdots, N,$$

(6.14)

其中，g 为正则化函数。z-更新涉及从非规则设置开始的局部平均步骤，然后对这个平均的结果应用邻近算子 $\text{prox}_{g,k_g\rho}$，就像全局变量一致问题。

另外，本书附录 1（见电子资源）还给出了非凸一致性问题临近对称 ADMM 的收敛性分析。

参考文献

[1] A. Nedi'c and A. Ozdaglar, "Cooperative Distributed Multi-agent Optimization," in Convex Optimization in Signal Processing and Communications (D. P. Palomar and Y. C. Eldar, eds.), Cambridge University Press, 2010.

第7章 共享问题

共享问题是指多个个体或实体共同利用一定资源或服务的情况，其中需要考虑如何合理分配资源、协调行动以实现最优化的目标。共享问题可以涉及多个领域，例如共享经济、交通运输、能源管理等。

共享问题的数学模型如下

$$\text{minimize} \quad \sum_{i=1}^{N} f_i(x_i) + g\left(\sum_{i=1}^{N} x_i\right) \tag{7.1}$$

变量 $x_i \in R^n$，$i = 1, \cdots, N$，其中，f_i 是子系统 i 的局部成本函数，g 是共享目标，它以变量之和作为参数。我们可以把变量 x_i 看作代理 i 的选择；共享问题涉及每个代理调整其变量以最小化其个体成本 $f_i(x_i)$ 以及共享目标项 $g\left(\sum_{i=1}^{N} x_i\right)$。共享问题很重要，因为许多有用的问题可以变成这种形式，而且它与一致性问题具有对偶关系，如下所述。

共享问题（7.1）可以写成适合 ADMM 算法的可分离形式

$$\text{minimize} \quad \sum_{i=1}^{N} f_i(x_i) + g\left(\sum_{i=1}^{N} z_i\right)$$
$$\text{subject to } x_i - z_i = 0, \quad i = 1, \cdots, N \tag{7.2}$$

变量 x_i，$z_i \in R^n$，$i = 1, \cdots, N$，则 ADMM 的缩放形式为

$$x_i^{k+1} := \operatorname*{argmin}_{x_i}\left(f_i(x_i) + (\rho/2)\parallel x_i - z_i^k + y_i^k \parallel_2^2 \right)$$

$$z^{k+1} := \operatorname*{argmin}_{z}\left(g\left(\sum_{i=1}^{N} z_i\right) + (\rho/2)\sum_{i=1}^{N}\parallel z_i - y_i^k - x_i^{k+1} \parallel_2^2 \right)$$

$$y_i^{k+1} := y_i^k + x_i^{k+1} - z_i^{k+1}$$

对于每个 $i=1,\cdots,N$，第一个和最后一个步骤可以独立并行执行。如上所述，z-更新需要解决一个 Nn 变量问题，但可以证明，通过求解一个仅含 n 个变量的问题实现它是可能的。

为了简化符号，令 $a_i = u_i^k + x_i^{k+1}$。然后 z-更新可以重写为

$$\text{minimize}\quad g(N\bar{z}) + (\rho/2)\sum_{i=1}^{N}\parallel z_i - a_i \parallel_2^2$$

$$\text{subject to}\quad \bar{z} = (1/N)\sum_{i=1}^{N} z_i$$

其中，附加变量 $\bar{z}\in R^n$。$\bar{z}$ 固定时最小化 $z_1,\cdots,z_N$ 有解

$$z_i = a_i + \bar{z} - \bar{a} \tag{7.3}$$

因此，z-更新可以通过求解无约束问题

$$\text{minimize}\quad g(N\bar{z}) + (\rho/2)\sum_{i=1}^{N}\parallel \bar{z} - \bar{a} \parallel_2^2$$

来计算，其中 $\bar{z}\in R^n$。然后应用式（7.3），在 u-更新中用式（7.3）替换 z_i^{k+1} 给出了

$$u_i^{k+1} := \bar{u}^k + \bar{x}^{k+1} - \bar{z}^{k+1} \tag{7.4}$$

这表明对偶变量 u_i^k 都是相等的（一致的），可以用单个对偶变量 $u\in R^m$ 代替。在 x-更新的表达式中将 z_i^k 替换，最终的算法变成

$$x_i^{k+1} := \operatorname*{argmin}_{x_i}\ \left(f_i\left(x_i\right) + \left(\rho/2\right)\parallel x_i - x_i^k + \bar{x}^k - \bar{z}^k + u^k \parallel_2^2 \right)$$

$$\bar{z}^{k+1} := \operatorname*{argmin}_{\bar{z}}\ \left(g\left(Nz\right) + \left(N\rho/2\right)\parallel \bar{z} - u^k - \bar{x}^{k+1} \parallel_2^2 \right)$$

$$u^{k+1} := u^k + \bar{x}^{k+1} - \bar{z}^{k+1}$$

对于 $i=1,\cdots,N$，x-更新可以并行进行。z-更新步骤需要收集 x_i^{k+1} 来得到平均值，然后求解一个 n 变量的问题。在 u-更新后，$\bar{x}_i^{k+1} - \bar{z}_i^{k+1} + \bar{u}_i^{k+1}$ 的新值被分散到各个子系统中。

7.1 对偶性

将拉格朗日乘子 ν_i 附加到约束条件 $x_i - z_i = 0$ 上，则 ADMM 共享问题（7.2）的对偶函数 Γ 为

$$\Gamma\left(\nu_1,\cdots,\nu_N\right) = \begin{cases} -g^*(\nu_1) - \sum_i f_i^*(-\nu_i),\ if\ \nu_1 = \nu_2 = \cdots = \nu_N \\ -\infty,\ \text{otherwise} \end{cases}$$

令 $\varphi = g^*$，$h_i(\nu) = f_i^*(-\nu)$，对偶共享问题可以写为

$$\text{minimize} \quad \sum_{i=1}^{N} h_i(\nu_i) + \varphi(\nu)$$

$$\text{subject to } \nu_i - \nu = 0$$

(7.5)

其中，变量 $\nu \in R^n$，$\nu_i \in R^n$（$i = 1, \cdots, N$）。这与正则化的全局变量一致性问题（6.2）相同。假设强对偶性成立，这意味着在 ADMM 中 $y^k = \rho u^k \to v^*$，其中 v^* 是（7.5）的最优点。

反之，将拉格朗日乘子 $d_i \in R^n$ 附加到约束条件 $\nu_i - \nu = 0$ 上，则正则化全局一致性问题的对偶为

$$\text{minimize} \quad \sum_{i=1}^{N} f_i(d_i) + g\left(\sum_{i=1}^{N} d_i\right)$$

其中，变量 $d_i \in R^n$，这正是共享问题（7.1）（因为 f 和 g 假定是凸的和闭的，所以 $f^{**} = f$ 和 $g^{**} = g$）。假设强对偶性成立，则在一致性问题（7.5）上运行 ADMM 得 $d_i^k \to x_i^*$，其中 x_i^* 是共享问题（7.1）的一个最优点。

因此，在一致性问题（7.5）和共享问题（7.1）之间存在着密切的对偶关系。事实上，全局一致性问题可以通过在对其对偶共享问题上运行 ADMM 解决，反之亦然。这与 Fukushima[1] 在"对偶 ADMM"方法上的研究有关。

7.2 最优交换

在这里，我们用一个吸引人的经济学解释来强调共享问题的一个重要特殊情况。交换问题是

$$\text{minimize} \quad \sum_{i=1}^{N} f_i(x_i)$$

$$\text{subject to } \sum_{i=1}^{N} x_i = 0$$

(7.6)

其中，变量 $x_i \in R^n$，$i = 1, \cdots, N$，f_i 表示子系统 i 的成本函数。这是一个共享问题，共享目标 g 是集合 $\{0\}$ 的指示函数。向量 x_i 的组成部分表示在 N 个代理或子系统之间被交换的商品的数量。当 $(x_i)_j$ 为非负值时，可以看作子系统 i 从交换中接收到的商品 j 的量。当 $(x_i)_j$ 为负值时，其大小 $|(x_i)_j|$ 可以看作子系统 i 贡献交换的商品 j 的数量。每种商品结清或平衡的均衡约束是 $\sum_{i=1}^{N} x_i = 0$。正如这种解释所表明的，这一问题及其相关问题在经济学上有着悠久的历史，特别是在市场交换、资源分配和一般均衡理论中。例如，参见 Walras[2]、Arrow 和 Debreu[3]、Uzawa[4,5] 的经典作品。

相应的交换 ADMM 算法为

$$x_i^{k+1} := \underset{x_i}{\mathrm{argmin}} \; (f_i(x_i) + (\rho/2) \; \| x_i - x_i^k + \bar{x}^k + y^k \|_2^2)$$

$$y^{k+1} := y^k + \bar{x}^{k+1}$$

对于这个问题，考虑 ADMM 的非缩放形式也很有指导意义

$$x_i^{k+1} := \underset{x_i}{\mathrm{argmin}} \; (f_i(x_i) + y^{kT}x_i + (\rho/2) \; \| x_i - (x_i^k - \bar{x}^k) \|_2^2)$$

$$y^{k+1} := y^k + \rho\bar{x}^{k+1}$$

变量 y^k 收敛于一个最优对偶变量，它很容易被解释为一组最优的或交换的出清价格。$x-$ 更新中的近端项是对 x^{k+1} 偏离 x^k 的惩罚，投影到可行集合上。对于 $i = 1, \cdots, N$，交换 ADMM 中的 $x-$ 更新可以独立并行执行。$u-$ 更新需要收集 x_i^{k+1}（或其他平均），并将 $\bar{x}^{k+1} + u^{k+1}$ 广播回处理 x_i 更新的处理器。

交换 ADMM 可以看作 Walras 一般均衡理论中的 Tâtonnement 或价格调整过程[2,5] 的一种形式。Tâtonnement 代表了竞争市场走向市场平衡的机制，其观点是，市场通过价格调整采取行动，即根据商品的需求是否过剩或过剩供应，分别增加或减少每种商品的价格。

对偶分解是 Tâtonnement 的最简单的算法表达式。在这种情况下，每个代理调整消费 x_i，以最小化由成本 y^Tx_i 调整的个人成本 $f_i(x_i)$，其中 y 是价格向量。中央收集器（在参考文献［5］中被称为"市场秘书"）通过根据每种商品或商品是生产过剩还是生产不足来调整价格的上升或下降来走向平衡。ADMM 的不同之处仅在于在每个代理的更新中包含了近端正则化项。当 y^k 收敛到一个最优价格向量 y^* 时，近端正则化项的影响就消失了。近端正则化项可以解释为每个代理人帮助出清市场的承诺。

非凸非光滑形式的共享问题的相关 ADMM 算法详见附录Ⅱ。

参考文献

［1］ M. Fukushima,"Application of the Alternating Direction Method of Multipliers to Separable Convex Programming Problems," Computational Optimization and Applications, Vol. 1, pp. 93−111,1992.

［2］ L. Walras, Éléments d'économie Politique Pure, ou, Théorie de la richesse sociale. F. Rouge,1896.

［3］ K. J. Arrow and G. Debreu,"Existence of an Equilibrium for a Competitive Economy," Econometrica:Journal of the Econometric Society, Vol. 22, No. 3, pp. 265−290,1954.

［4］ H. Uzawa，"Market mechanisms and Mathematical Programming,"Econometrica：Journal of the Econometric Society，Vol. 28，No. 4，pp. 872−881，1960.

［5］ H. Uzawa，"Walras' tâtonnement in the Theory of Exchange,"The Review of Economic Studies，Vol. 27，No. 3，pp. 182−194，1960.

第8章 分布式拟合模型

分布式拟合模型是指将模型拟合的任务分散到多个计算节点上进行处理的方法。在分布式拟合模型中，通常存在一个中心节点（例如参数服务器）和多个工作节点（例如计算节点）。每个工作节点负责处理部分数据或样本，并根据局部数据进行模型参数的更新和优化。然后，工作节点之间通过通信和协调交换更新的参数信息，以获得全局的模型。分布式拟合模型是一种针对凸模型拟合问题的特殊方法，通过分布式计算和并行处理的方式加速模型拟合过程，处理更大规模的数据集，并提高模型的准确性。

一般的凸模型拟合问题可以写成如下形式

$$\text{minimize} \quad l\,(Ax-b)\,+r\,(x) \tag{8.1}$$

其中，参数 $x \in R^n$，$A \in R^{m \times n}$ 是特征矩阵，$b \in R^m$ 是输出向量，$l: R^m \to R$ 是一个凸损失函数，r 是一个凸正则化函数。这里假设 l 具有可加性。假设 $l(Ax - b) = \sum_{i=1}^{m} l_i(A_i^T x - b_i)$，其中，$l_i: R \to R$ 是第 i 个训练样本的损失，$a_i \in R^n$ 是样本 i 的特征向量，b_i 是样本 i 的输出或响应，l_i 可能不尽相同。

假设正则化函数 r 也是可分离的，比如：$r\,(x) = \lambda \parallel x \parallel_2^2$（称其为吉洪诺夫正则化，或统计设置中的脊惩罚）和 $r\,(x) = \lambda \parallel x \parallel_1$（在统计设置中通常称为套索惩罚），这里 λ 是一个正的正则化参数。在某些情况下，一个或多个模型参数是不正则化的，例如，在学

习分类模型中的偏移参数时，相应的正则化函数为 $r(x) = \lambda \|x_{1:n-1}\|_1$，其中 $x_{1:n-1}$ 是 x 的子向量包含除 x 的最后一个分量以外的所有元素，这样选择了 r，x 的最后一个分量就不是正则化的。

本章首先介绍一些具有一般形式的样本，然后介绍解决问题（8.1）的两种分布方式，即通过跨训练样本划分和跨特性划分。假定 l 和 r 是可分离的，可以看到要描述的方法也具有块可分离性。

8.1 样本

8.1.1 回归

考虑如下线性模型

$$b_i = A_i^T x + v_i$$

其中，a_i 是第 i 个特征向量，噪声 v_i 与对数凹密度 p_i 无关[1]。然后负对数似然函数是 $l(Ax-b)$，其中 $l_i(\omega) = -\log p_i(-\omega)$。如果 $r = 0$，那么一般拟合问题（8.1）可以解释为噪声模型 p_i 下 x 的最大似然估计。如果取 r_i 为 x_i 的负对数先验密度，则问题可用 MAP 估计解释。

例如，Lasso 遵循上面的形式，二次损失 $l(u) = (1/2)\|u\|_2^2$ 和 ℓ_1 正则化为 $r(x) = \lambda\|x\|_1$，等价于带高斯噪声的线性模型的 MAP 估计和参数上的拉普拉斯先验模型[2]。

8.1.2 分类

适当选择 A，b，l，r，许多分类问题也可以以一般拟合模型（8.1）的形式提出。我们遵循统计学习理论中的标准设置，如参考文献［3］所述。用 $p_i \in R^{n-1}$ 表示第 i 个样本的特征向量，用 $q_i \in \{-1, 1\}$ 表示二元结果或类标签，$i = 1, \cdots, m$。我们的目标是找到一个权向量 $\omega \in R^{n-1}$ 和补偿 $v \in R$，例如 $\text{sign}(p_i^T \omega + v) = q_i$，所有例子都成立。把表达式 $p_i^T \omega + v$ 看作 p_i 的函数，称为判别函数。判别函数的符号与响应一致的条件也可以写成 $u_i > 0$，其中 $\mu_i = q_i(p_i^T \omega + v)$ 称为第 i 个训练样本的边界。

在分类的背景下，损失函数通常被写成边际函数，因此第 i 个样本的损失为 $l_i(\mu_i) = l_i(q_i(p_i^T \omega + v))$。当且仅当边际利润为负时才会产生分类错误，因此 l_i 应为正，负参数为递减，正参数为零或很小。为了找到参数 ω 和 v，我们将平均损失最小化，并在权值上加一个正则化项

$$\frac{1}{m}\sum_{i=1}^{m} l_i(q_i(p_i^T \omega + v)) + r^{\text{wt}}(\omega) \tag{8.2}$$

这是通用模型拟合形式（8.1），且 $x = (\omega, v)$，$a_i = (q_i p_i, -q_i)$，$b_i = 0$，正则项 $r(x) = r^{wt}(\omega)$。

在统计学习理论中，问题（8.2）被称为惩罚经验风险最小化或结构风险最小化。当损失函数是凸函数时，被称为凸风险最小化。

一般来说，通过最小化替代损失函数（0-1损失的凸上界）来拟合分类器是机器学习中一个被广泛研究和应用的方法，参见参考文献［3，4，5］。

机器学习中的许多分类模型都对应着损失函数 l_i 和正则化或惩罚函数 r^{wt} 的不同选择。一些常见的损耗函数是铰链损耗 $(1-\mu_i)_+$，指数型损耗 $\exp(-\mu_i)$，和对数型损失 $\log(1+\exp(-\mu_i))$；最常见的正则化器是 ℓ_1 和 ℓ_2。支持向量机（SVM）[6] 对应的是带有二次惩罚的铰链损失，逻辑损失产生的是逻辑回归。

8.2 跨训练样本划分

本节主要介绍如何解决样本具有少量的特征，但大量训练样本的模型拟合问题（8.1）。大多数经典的统计估计问题都属于这一范畴，涉及大量相对低维的数据。主要采用的是分布式解决方式，每个处理器处理训练数据的子集。当有大量的训练样本，不方便或不可能在一台机器上处理它们时，或者当数据自然地以分布式方法收集或存储时，可采用这种方式。例如，在线社交网络数据、web 服务器访问日志、无线传感器网络和许多更普遍的云计算应用程序。

我们用行区分 A 和 b

$$A = \begin{bmatrix} A_1 \\ \vdots \\ A_N \end{bmatrix}, \quad b = \begin{bmatrix} b_1 \\ \vdots \\ b_N \end{bmatrix}$$

且 $A_i \in R^{m_i \times n}$，$b_i \in R^{m_i}$，其中 $\sum_{i=1}^{N} m_i = m$。因此，A_i 和 B_i 表示第 i 个数据块，将由第 i 个处理器处理。首先将模型拟合问题转化为一致的形式

$$\begin{aligned} \text{minimize} \quad & \sum_{i=1}^{N} l_i(A_i x_i - b_i) + r(z) \\ \text{subject to} \quad & x_i - z = 0, \quad i = 1, \cdots, N \end{aligned} \tag{8.3}$$

变量 $x_i \in R^n$，$z \in R^n$。这里，l_i 指的是第 i 个数据块的损失函数。这个问题现在可以通过使用 §5.1 中描述的通用全局变量共识 ADMM 算法来解决，这里给出了缩放对偶变量

$$x_i^{k+1} := \underset{x_i}{\arg\min}(l_i(A_i x_i - b_i) + (\rho/2) \| x_i - z^k + u_i^k \|_2^2)$$

$$z^{k+1} := \underset{z}{\arg\min}(r(z) + (N\rho/2) \| z - \bar{x}^{k+1} + \bar{u}^k \|_2^2)$$

$$u_i^{k+1} := u_i^k + x_i^{k+1} - z^{k+1}$$

第一步，由 ℓ_2 正则化模型拟合问题，可对每个数据块并行进行。第二步，需要收集变量来形成平均值。当假定 r 是完全可分时，第二步的最小化可以逐项进行。上述算法只要求损失函数 l 在数据块之间是可分离的；正则器 r 根本不必分离的（但是，当 r 不可分离时，z-update 可能需要解决一个重要的优化问题）。

8.2.1 Lasso

对于套索，产生了如下分布式算法

$$x_i^{k+1} := \underset{x_i}{\mathrm{argmin}}((1/2) \parallel A_i x_i - b_i \parallel_2^2 + (\rho/2) \parallel x_i - z^k + u_i^k \parallel_2^2)$$

$$z^{k+1} := S_{\lambda/\rho N} (\bar{x}^{k+1} + \bar{u}^k)$$

$$u_i^{k+1} := u_i^k + x_i^{k+1} - z^{k+1}$$

每个 x_i 更新采用吉洪诺夫正则化最小二乘（脊回归）问题的形式，并具有解析解

$$x_i^{k+1} := (A_i^T A_i + \rho I)^{-1} (A_i^T b_i + \rho (z^k - u_i^k))$$

3.2 节中的技巧适用：如果使用了直接方法，那么可以缓存 $A_i^T A_i + \rho I$ 的因式分解来加速后续的更新，如果 $m_i < n$，那么矩阵的逆引理可以被应用到让我们分解较小的矩阵 $A_i^T A_i + \rho I$。

将这种分布式数据套索算法与 4.4 节中的串行版本进行比较，我们可以看到唯一的区别是收集和平均步骤，这些步骤耦合了数据块的计算。参考文献 [7] 描述了一种基于 ADMM 的分布式套索算法，在信号处理和无线通信中应用。

8.2.2 稀疏的逻辑回归

考虑用逻辑损失函数 l_i 和 ℓ_1 正则化去解决（8.1）的问题。为了简化符号，我们忽略了截距项，该算法可以很容易地修改为包含一个截距。ADMM 算法为

$$x_i^{k+1} := \underset{x_i}{\mathrm{argmin}}(l_i (A_i x_i) + (\rho/2) \parallel x_i - z^k + u_i^k \parallel_2^2)$$

$$z^{k+1} := S_{\lambda/\rho N} (\bar{x}^{k+1} + \bar{u}^k)$$

$$u_i^{k+1} := u_i^k + x_i^{k+1} - z^{k+1}$$

这和分布式套索算法是一样的，除了 x_i 更新，这里涉及一个 ℓ_1 正则化逻辑回归问题，可以有效地解决 L-BFGS 算法。

8.2.3 支持向量机

用问题（8.1）表示，算法

$$x_i^{k+1} := \underset{x_i}{\mathrm{argmin}}(1^T (A_i x_i + 1)_+ + (\rho/2) \parallel x_i - z^k + u_i^k \parallel_2^2)$$

$$z^{k+1} := \frac{\rho}{(1/\lambda) + N\rho}(\bar{x}^{k+1} + \bar{u}^k)$$

$$u_i^{k+1} := u_i^k + x_i^{k+1} - z^{k+1}$$

每个 x_i 更新本质上涉及将一个支持向量机拟合到局部数据 A_i（在二次正则化项中有一个偏移），因此这可以有效地使用现有的支持向量机求解器进行串行问题。在参考文献［8］中描述了使用 ADMM 以分布式方法训练支持向量机。

8.3　跨特性划分

本小节讨论的是拟合模型（8.1），其中存在少量样本和大量特征。这类统计问题在自然语言处理和生物信息学等领域经常出现，因为在这些领域中，通常会涉及大量的潜在解释变量。举例来说，在自然语言处理中，可能会面对一个包含多个文档的语料库，而特征可以包括每个文档中出现的所有单词和相邻单词对（双字组）。同样，在生物信息学中进行关联研究时，可能只有相对较少的个体样本，但与每个个体相关的 DNA 突变等因素可能有非常多的潜在特征。

类似的情况在其他领域也有许多例子。为了解决这些问题，本节采用分布式方法，其中每个处理器负责处理特征的一个子集。这种分布式方法可以通过将问题定义为第 7 章中的共享问题实现。通过这种方式，能够更高效地处理大规模的数据集，并充分利用计算资源来拟合模型，从而获得更准确的结果。这种分布式解决方案为我们应对具有少量样本和大量特征的挑战提供了一种有效的方法，并在实际应用中展现了巨大的潜力。

对参数向量 x 进行划，为 $x = (x_1, \cdots, x_N)$，其中 $x_i \in R^{n_i}$，$\sum_{i=1}^{N} n_i = n$。将数据矩阵 A 一致地划分为 $A = [A_1, \cdots, A_N]$，$A_i \in R^{m \times n_i}$ 并且正则化函数为 $r(x) = \sum_{i=1}^{N} r_i(x_i)$。这意味着 $Ax = \sum_{i=1}^{N} A_i x_i$，即 $A_i x_i$ 可以认为是仅仅在 x_i 处的 b 部分预测。模型拟合问题（8.1）变成如下形式

$$\text{minimize} \quad l\left(\sum_{i=1}^{N} A_i x_i - b\right) + \sum_{i=1}^{N} r_i(x_i)$$

按照求解共享问题（8.2）的方法，将该问题表示为

$$\text{minimize} \quad l\left(\sum_{i=1}^{N} z_i - b\right) + \sum_{i=1}^{N} r_i(x_i)$$

$$\text{subject to} \quad A_i x_i - z_i = 0, \quad i = 1, \cdots, N$$

新变量为 $z_i \in R^m$。ADMM 的推导和简化也遵循了共享问题。ADMM 的对应形式为

$$x_i^{k+1} := \underset{x_i}{\text{argmin}}\left(r_i(x_i) + (\rho/2) \| A_i x_i - z_i^k + u_i^k \|_2^2\right)$$

$$z^{k+1} := \underset{z}{\operatorname{argmin}} \left(l\left(\sum_{i=1}^{N} z_i - b \right) + \sum_{i=1}^{N} (\rho/2) \parallel A_i x_i^{k+1} - z_i^k + u_i^k \parallel_2^2 \right)$$

$$u_i^{k+1} := u_i^k + A_i x_i^{k+1} - z_i^{k+1}$$

就像在讨论共享问题时一样，我们通过首先求解平均值 $\bar{z}^{k+1}$ 来执行 z 更新

$$\bar{z}^{k+1} := \underset{\bar{z}}{\operatorname{argmin}} (l(N\bar{z} - b) + (N\rho/2) \parallel \bar{z} - \overline{Ax}^{k+1} - \bar{u}^k \parallel_2^2)$$

$$z_i^{k+1} := \bar{z}^{k+1} + A_i x_i^{k+1} + u_i^k - \overline{Ax}^{k+1} - \bar{u}^k$$

其中，$\overline{Ax}^{k+1} = (1/N) \sum_{i=1}^{N} A_i x_i^{k+1}$。把最后一个表达式代入 u_i 的更新中，可以发现

$$u_i^{k+1} = \overline{Ax}^{k+1} + \bar{u}^k - \bar{z}^{k+1}$$

这表明，在共享问题中，所有的二元变量都是相等的。使用单一的对偶变量 $u^k \in R^m$ 和消除 z_i，于是得到下面的算法：

$$x_i^{k+1} := \underset{x_i}{\operatorname{argmin}} (r_i (x_i) + (\rho/2) \parallel A_i x_i - A_i x_i^k - \bar{z}^k + \overline{Ax}^k + u^k \parallel_2^2)$$

$$\bar{z}^{k+1} := \underset{\bar{z}}{\operatorname{argmin}} (l (N\bar{z} - b) + (N\rho/2) \parallel \bar{z} - \overline{Ax}^{k+1} - u^k \parallel_2^2)$$

$$u^{k+1} := u^k + \overline{Ax}^{k+1} - \bar{z}^{k+1}$$

第一步是在 N 个变量中求解 N 个并行正则化最小二乘问题。在第一步和第二步之间，收集部分预测因子 $A_i x_i^{k+1}$ 并求和，形成 $\overline{Ax}^{k+1}$。第二步是 m 个变量的单个极小化问题，即二次正则化的损失极小化问题，第三步是对 m 个变量进行简单的更新。

如前所述，该算法不要求 l 在训练样本中是可分离的，如果 l 是可分离的，那么 $\bar{z}$-update 完全分化为 m 个单独的标量优化问题。类似地，正则化器 r 只需要在功能块的级别上是可分离的。例如，如果 r 是一个范数之和，如 5.4.2 节中所述，那么让每个子系统处理一个单独的组就很自然了。

8.3.1 Lasso

对于 Lasso 在这种情况下，上面的算法可以写成为

$$x_i^{k+1} := \underset{x_i}{\operatorname{argmin}} ((\rho/2) \parallel A_i x_i - A_i x_i^k - \bar{z}^k + \overline{Ax}^k + u^k \parallel_2^2 + \lambda \parallel x_i \parallel_1)$$

$$\bar{z}^{k+1} := \frac{1}{N+\rho} (b + \rho \overline{Ax}^{k+1} + \rho u^k)$$

$$u^{k+1} := u^k + \overline{Ax}^{k+1} - \bar{z}^{k+1}$$

每个 x_i-update 都是一个具有 n_i 个变量的套索问题，可以使用任何单个处理器的套索方法来解决。在 x_i-update 中，有 $x_i^{k+1} = 0$（意味着第 i 块中没有任何特性被使用）当且仅当

$$\| A_i^T \ (A_i x_i^k + \bar{z}^k - \overline{Ax}^k - u^k) \ \|_2 \leq \lambda / \rho$$

当发生这种情况时，x_i-update 速度很快（与 $x_i^{k+1} \neq 0$ 的情况相比）。在并行实现中，仅提高并行执行的部分任务的速度并没有什么好处，但在串行设置中，确实可以得到好处。

8.3.2 Lasso 组

考虑功能组与功能块相一致的 Lasso 组问题，以及 ℓ_2 范数（非平方）正则化

$$\text{minimize} \quad (1/2) \| Ax - b \|_2^2 + \lambda \sum_{i=1}^N \| x_i \|_2$$

z-update 和 u-update 是相同的套索，但 x_i 更新成为

$$x_i^{k+1} := \underset{x_i}{\text{argmin}} ((\rho/2) \ \| A_i x_i - A_i x_i^k - \bar{z}^k + \overline{Ax}^k + u^k \|_2^2 + \lambda \| x_i \|_2)$$

（只有最后一个规范上的下标与 Lasso 情况不同）

这涉及最小化这种形式的函数

$$(\rho/2) \ \| A_i x_i - v \|_2^2 + \lambda \| x_i \|_2$$

解是 $x_i = 0$ 当且仅当 $\| A_i^T v \|_2 \leq \lambda / \rho$。否则，解的形式是

$$x_i = (A_i^T A_i + vI)^{-1} A_i^T v$$

对于 $v > 0$ 的值可以得到 $v \| x_i \|_2 = \lambda / \rho$。这个值可以在 v 上使用单参数搜索（如通过平分）找到。通过计算和缓存 $A_i^T A_i$ 的特征分解，可以加快数个 v 值的 x_i 的计算（根据参数搜索的需要）。假设 A_i 是高的，即 $m \geq n_i$（当 $m < n_i$ 类似的方法也适用），我们计算一个正交的 Q，其中 $A_i^T A_i = Q \text{diag}(\lambda) Q^T$，$\lambda$ 是 $A_i^T A_i$ 的特征值向量（A_i 奇异值的平方）。成本是 $O(mn_i^2)$ 浮点次数，主导（按顺序）形成 $A_i^T A_i$。我们接着计算 $\| x_i \|_2^2$

$$\| x_i \|_2^2 = \| \text{diag}(\lambda + v1)^{-1} Q^T A_i^T v \|_2$$

一旦 $Q^T A_i^T v$ 被计算出来，这可以在 $O(n_i)$ 次中计算出来，因此搜索 v 是没有代价的（按顺序）。因此，每次迭代的代价是 $O(mn_i)$（计算 $Q^T A_i^T v$），n_i 比在没有缓存的情况下执行 x_i-update 的结果要好。

8.3.3 稀疏的逻辑回归

此类问题的算法与上面的套索问题相同，除了 $\bar{z}$-update

$$\bar{z}^{k+1} := \underset{\bar{z}}{\text{argmin}} (l(Nz) + (\rho/2) \ \| \bar{z} - \overline{Ax}^k - u^k \|_2^2)$$

其中，l 是逻辑损失函数。这将分解到组件级别，并涉及 l 的接近操作符。通过查找表可以非常有效地计算出近似值，然后执行一两个牛顿步骤（对于标量问题）。有趣的是，在分布式稀疏逻辑回归中，占主导地位的计算是求解 N 个并行套索问题。

8.3.4 支持向量机

其相应的算法为

$$x_i^{k+1} := \underset{x_i}{\operatorname{argmin}}\left((\rho/2)\parallel A_ix_i - A_ix_i^k - \bar{z}^k + \overline{Ax}^k + u^k \parallel_2^2 + \lambda \parallel x \parallel_2^2\right)$$

$$\bar{z}^{k+1} := \underset{\bar{z}}{\operatorname{argmin}}\left(1^{\mathrm{T}}(N\bar{z}+1)_+ + (\rho/2)\parallel \bar{z} - \overline{Ax}^k - u^k \parallel_2^2\right)$$

$$u^{k+1} := u^k + \overline{Ax}^{k+1} - \bar{z}^{k+1}$$

x_i-update 涉及二次函数，需要解决岭回归问题。$\bar{z}$-update 拆分到组件级，可以表示为移位的软阈值操作

$$\bar{z}_i^{k+1} : \begin{cases} v_i - N/\rho, & v_i > -1/N + N/\rho \\ -1/N, & v_i \in [-1/N, \ -1/N + N/\rho] \\ v_i, & v_i < -1/N \end{cases}$$

其中，$v = \overline{Ax} + \bar{u}^k$（这里的下标表示向量 $\bar{z}^{k+1}$ 中的元素）。

8.3.5 广义可加模型

广义加性模型具有以下形式

$$b \approx \sum_{j=1}^{n} f_j(a_j)$$

其中，a_i 是特征向量 a 的第 j 个元素，并且 $f_j: \mathbf{R} \to \mathbf{R}$ 是特征函数。当特征函数 f_j 是线性的，即 $f_j(a_j) = w_ja_j$ 的形式时，这就简化为标准的线性回归。

通过求解优化问题来选择特征函数

$$\text{minimize} \quad \sum_{i=1}^{m} l_i\left(\sum_{j=1}^{n} f_j(a_{ij}) - b_i\right) + \sum_{j=1}^{n} r_jf_j$$

其中，a_{ij} 是第 i 个样本的特征向量的第 j 个分量，并且 b_i 是相应的输出。这里的优化变量是函数 $f_j \in F_j$，其中 F_j 是函数的子空间；r_j 是正则化函数。通常 f_j 是由有限个系数线性参数化的，这些系数是基础优化变量，但这个公式也可以处理 F_j 是无限维的情况。在这两种情况下，把特征函数 f_j 看作待确定的变量更清楚。

把特征分解成单独的函数，有 $N = n$，其算法为

$$f_j^{k+1} := \left(r_j(f_j) + (\rho/2)\sum_{j=1}^{n}(f_j^k(a_{ij}) - f_j^k(a_{ij}) - \bar{z}_i^k + \bar{f}_i^k + u_i^k)^2\right)$$

$$\bar{z}^{k+1} := \underset{\bar{z}}{\operatorname{argmin}}\left(\sum_{i=1}^{m} l_i(N\bar{z}_i - b_i) + (\rho/2)\sum_{i=1}^{m} \parallel \bar{z} - \bar{f}^{k+1} - u^k \parallel_2^2\right)$$

$$u^{k+1} := u^k + \bar{f}^{k+1} - \bar{z}^{k+1}$$

其中，$\bar{f}_j^k = (1/n) \sum_{j=1}^{n} f_j^k(a_{ij})$ ，对于第 i 个特征向量预测反应的平均值是 $\sum_{j=1}^{n} f_j^k(a_{ij})$ 。f_j- update 是 ℓ_2 （平方）正则函数拟合。$\bar{z}-$ update 可以按分量方式得到。

参考文献

［1］ S. Boyd& L. Vandenberghe, Convex Optimization. Cambridge University Press, 2004.

［2］ R. Tibshirani, "Regression Shrinkage and Selection Via the Lasso," Journal of the Royal Statistical Society, Series B, Vol. 58, pp. 267–288, 1996.

［3］ P. L. Bartlett, M. I. Jordan, and J. D. McAuliffe, "Convexity, Classification, and Risk Bounds," Journal of the American Statistical Association, Vol. 101, No. 473, pp. 138–156, 2006.

［4］ V. N. Vapnik, The Nature of Statistical Learning Theory. Springer–Verlag, 2000.

［5］ T. Zhang, "Statistical Behavior and Consistency of Classification Methods Based on Convex Risk Minimization," Annals of Statistics, Vol. 32, No. 1, pp. 56–85, 2004.

［6］ B. Sch¨olkopf and A. J. Smola, Learning with Kernels: Support Vector Machines, Regularization, Optimization, and Beyond. MIT Press, 2002.

［7］ Y. Freund and R. Schapire, "A Decision–theoretic Generalization of on–line Learning and an Application to Boosting," in Computational Learning Theory, pp. 23–37, Springer, 1995.

［8］ G. Mateos, J. –A. Bazerque, and G. B. Giannakis, "Distributed Sparse Linear Regression," IEEE Transactions on Signal Processing, Vol. 58, pp. 5262–5276, Oct. 2010.

［9］ P. A. Forero, A. Cano, and G. B. Giannakis, "Consensus–based Distributed Support Bector Machines," Journal of Machine Learning Research, Vol. 11, pp. 1663–1707, 2010.

第9章 ADMM联邦学习

本章首先简要介绍了联邦学习的概述，并对其定义及与分布式机器学习的区别和联系进行了说明。接着，对联邦学习的分类进行了介绍，包括经典联邦学习算法和步骤的意义。在第 9.6 节中，重点阐述了基于交替方向乘子法（ADMM）的联邦学习方法及其收敛性。在第 9.7 节中，介绍了几类改进的 ADMM 联邦学习算法。通过本章的内容，读者可以全面了解联邦学习的概念、分类、发展以及应用。

9.1 联邦学习概述

数据所有权的重要性已经逐渐被人们认识到，即哪些人（组织）能够拥有和使用数据。在许多场景下，数据是由不同组织的不同部门产生和拥有的。传统的方法是将数据收集并传输到一个中心点（如数据中心），该中心点具有高性能的计算集群，可以用来训练和构建机器学习模型。然而，这种方法在效率方面逐渐失去优势。

与此同时，随着人工智能在各行各业的应用逐渐落地，人们对于用户隐私和数据安全的关注也在不断增加。用户开始更加关注他们的隐私信息是否未经许可被他人用于商业或政治目的，甚至被滥用。最近，一些互联网企业因为泄露用户数据给商业机构而受到重罚。此外，垃圾邮件制作者和不法数据交易的行为也经常被曝光和惩罚。在法律层面，法规制定者和监管机构正在考虑出台新的法律来规范数据的管理和使用。在这样的法律环境下，随着时间的推移，收集和分享数据在不同组织之间变得越来越困难。更重要的是，某些高度敏感的数据（如金融交易数据和医疗健康数据）的所有者也会极力反对无限制地计算和使用这些数据。在这种情况下，数据所有者只允许这些数据保存在自己手中，从而形成了各自的数据孤岛。由于行业竞争、用户隐私、数据安全和复杂的管理规程等因素，甚至在同一家公司的不同部门之间，数据整合都会面临很大的阻力。同时，高昂的成本也导致在不同机构之间集中分散的数据变得十分困难。因此，以往的数据收集和共享方法已经被认为是非法行为，未来在不同组织之间进行数据整合将面临巨大挑战。

如何在遵守更严格的、新的隐私保护法规的前提下解决数据碎片化和数据孤岛问题，是当前人工智能研究者和实践者面临的首要挑战。如果不能很好地解决这个问题，可能会导致新一轮人工智能的寒冬。

人工智能产业面临数据困境的另一个原因是，各方协同分享和处理大数据的益处并不明显。例如，假设有两个组织试图将各自的医疗数据联合起来，协同训练一个联合机器学习模型。传统方法会导致数据的原始拥有者失去对自己数据的控制权，一旦数据不在自己手中，其利用价值就会大幅减小。此外，虽然将数据整合起来训练得到的模型性能会更好，但是如何在参与方之间公平地分配整合带来的性能增益并不确定。人们对于数据失去控制的担忧，以及对于增益分配效果的不透明，加剧了数据碎片化和孤岛分布的严重性。随着物联网和边缘计算的兴起，大数据往往不会集中于单一中心，而是分布在许多位置。例如，人们不希望拍摄地球影像的卫星将所有数据传输回地面数据中心，因为这需要巨大的传输带宽。同样，对于自动驾驶汽车，每辆汽车必须能够在本地使用机器学习模型处理大量信息，同时需要与其他汽车和计算中心在全球范围内进行协同工作。如何安全且有效地实现模型在多个地点之间的更新和共享，是当前各种计算方法面临的新挑战。

由于各种原因导致的数据孤岛阻碍了训练人工智能模型所需的大数据的使用，因此人们开始寻求一种方法，无须将所有数据集中到一个中心存储点，就能够训练机器学习模型。一种可行的方法是让每个拥有数据源的组织训练一个模型，然后让这些组织在各自的模型上进行交流和协作，最终通过模型聚合得到一个全局模型。为了确保用户隐私和数据安全，各组织之间交换模型信息的过程将被精心设计，使得没有组织能够猜测到其他组织的隐私数据内容。同时，在构建全局模型时，各数据源仿佛已被整合在一起。这就是联邦机器学习（Federated Machine Learning）或简称联邦学习（Federated Learning）的核心思想。

谷歌的 H. Brendan McMahan 等人通过使用边缘服务器架构，在智能手机上应用了联邦学习来更新语言预测模型。许多智能手机上存有私人数据，为了更新谷歌的 Gboard 系统的输入预测模型（即自动输入补全键盘系统），谷歌的研究人员开发了一个联邦学习系统，以定期更新智能手机上的语言模型。谷歌的联邦学习系统很好地展示了企业对消费者

（Business-to-Consumer，B2C）的应用案例，它为 B2C 应用设计了一种安全的分布式计算环境。在 B2C 场景中，由于边缘设备和中央服务器之间信息传输的加快，联邦学习可以确保隐私保护和更高的模型性能。除了 B2C 应用，联邦学习还可以支持企业对企业（Business-to-Business，B2B）的应用。在联邦学习中，算法设计方法的一个基本变化是以安全的方式传输模型参数，而不是将数据从一个站点传输到另一个站点，这样其他方之间就不能互相推测数据。

联邦学习是一种用于在分布式环境中进行机器学习的方法，其主要目标是允许参与方在保护数据隐私的同时进行模型的训练和更新。通过联邦学习，各方可以共同训练一个全局模型，而无须共享原始数据。这种方式可以解决数据碎片化和数据隔离的问题，同时保护用户的隐私和数据安全。联邦学习的发展对于促进跨组织和跨边界的合作非常重要，可以推动人工智能技术的发展和应用。它为实现数据共享和协作提供了一种创新的解决方案，使得各方可以在保护数据隐私的前提下共同受益。

9.2　联邦学习的定义和相关示例

联邦学习旨在建立一个基于分布数据集的模型，包括模型训练和模型推理两个过程。在模型训练过程中，模型相关的信息可以在各方之间进行交换，但数据不能被共享。这种交换不会泄露站点上的受保护隐私。已训练好的联邦学习模型可以在各参与方之间共享或部署到联邦学习系统中。

联邦学习是一种用于建立机器学习模型的算法框架，具有以下特征：

（1）机器学习模型将某方的数据实例映射到预测结果输出的函数。

（2）两个或以上的联邦学习参与方共同构建一个共享的机器学习模型，每个参与方都拥有用于训练模型的数据集。

（3）在联邦学习模型的训练过程中，每个参与方拥有的数据不会离开该参与方，即数据不会离开数据拥有者。

（4）联邦学习模型相关的信息可以以加密方式在参与方之间传输和交换，并确保任何参与方都无法推测出其他方的原始数据。

（5）联邦学习模型的性能应能够接近理想模型（通过将所有训练数据集中并训练得到的模型）的性能。

一般而言，有 N 个参与方通过使用各自的训练数据集进行协作训练机器学习模型。传统方法是将所有数据收集在一处，例如，云端数据服务器，然后使用集中的数据集在该服务器上训练机器学习模型。在传统方法中，每个参与方都会将自己的数据暴露给服务器甚至其他参与方。而联邦学习是一种无须收集各参与方所有数据就能协作训练模型的方法。

根据应用场景的不同，联邦学习系统涉及或不涉及中央协调方。图9.1展示了一个包括协调方的联邦学习架构示例。在该场景中，协调方是一个聚合服务器（也称为参数服务器），可以向参与方 A~C 发送初始模型。参与方 A~C 使用各自的数据集训练模型，并将模型权重更新发送到聚合服务器。然后，聚合服务器将从参与方接收到的模型更新进行聚合，并将聚合后的模型更新发送回参与方。这个过程将重复进行，直到模型收敛、达到最大迭代次数或最长训练时间。在这种体系结构下，参与方的原始数据永远不会离开自己。这种方法不仅保护了用户的隐私和数据安全，还减少了发送原始数据的通信开销。此外，聚合服务器和参与方可以使用加密方来防止模型信息泄露。

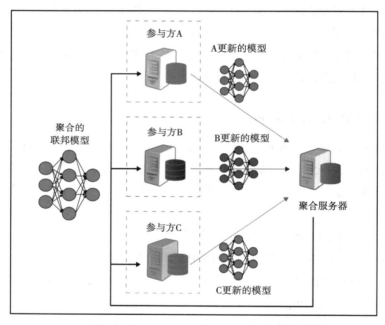

图9.1 联邦学习系统示例：客户-服务器架构联邦学习

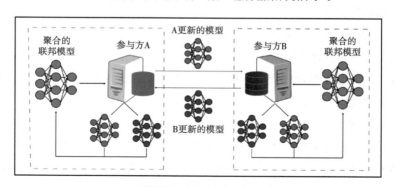

图9.2 联邦学习系统示例：对等网络架构

联邦学习架构可以设计为对等（Peer-to-Peer，P2P）网络的方式，不需要中央协调方。这进一步提高了安全性，因为各方可以直接通信而无须借助第三方，如图 9.2 所示。这种体系结构的优点是增加了安全性，但可能需要更多的计算操作来对消息内容进行加密和解密。

联邦学习带来了许多好处。由于它被设计为无须直接交换或收集数据，因此保护了用户的隐私和数据安全。联邦学习还允许多个参与方协同训练机器学习模型，使每个参与方都能获得比自身训练的更好模型。例如，在私人商业银行中应用联邦学习可以用于检测多方借贷活动，这一直是银行业中的难题，尤其是在互联网金融行业。通过使用联邦学习，不再需要建立一个中央数据库，任何参与联邦系统的金融机构都可以向其他机构发起新的用户查询请求。其他机构只需回答关于本地借贷的问题，而无须了解用户的具体信息。这不仅保护了用户隐私和数据完整性，还实现了识别多方贷款的重要业务目标。

联邦学习具有巨大的商业应用潜力，但也面临着挑战。参与方（如智能手机）与中央聚合服务器之间的通信链接可能是慢速且不稳定的，因为同时可能有大量参与方进行通信。从理论上讲，每部智能手机都可以参与联邦学习，但这不可避免地会使系统变得不稳定和不可预测。此外，在联邦学习系统中，来自不同参与方的数据可能导致非独立同分布的情况。不同参与方的训练数据样本数量可能不均衡，这可能导致联邦模型出现偏差，甚至导致训练失败。由于参与方通常地理上分散，并且很难进行身份认证，联邦学习模型容易受到恶意攻击。即使只有一个或多个参与方发送破坏性的模型更新信息，也会降低联邦模型的可用性，甚至损害整个联邦学习系统或模型的性能。

9.3 联邦学习与分布式机器学习的区别和联系

分布式机器学习和联邦学习是两种不同但相关的方法，它们都涉及在分散的计算节点上进行机器学习任务的处理。

分布式机器学习是一种将机器学习任务划分为多个子任务，并在多个计算节点上并行处理的方法。每个计算节点通常具有自己的本地数据，并在本地执行一部分计算，然后将结果与其他节点进行通信和协调，以最终得到全局的模型。这种方法可以加速机器学习的训练过程，并允许在大规模数据集上进行处理。

联邦学习是一种特殊的分布式机器学习方法，它适用于在多个参与方之间共享数据的场景，而不需要将数据集中到单个中心服务器上。在联邦学习中，每个参与方（例如设备、边缘节点或组织）都保持其本地数据，并在本地执行模型训练。然后，只有模型的更新梯度被聚合并共享给其他参与方，以更新全局模型。这种方法可以在保护数据隐私的同时进行集体学习，因为原始数据不需要在不同的参与方之间传输。

因此，分布式机器学习和联邦学习的共同发展可以被看作是在分散的计算环境中进行大规模机器学习的方法。分布式机器学习侧重于并行处理和合并计算节点上的结果，而联邦学习更强调在保护数据隐私的前提下进行跨参与方的模型协作。这两种方法都可以提供高效的机器学习解决方案，特别适用于处理大规模数据或涉及敏感数据的场景。

9.4 联邦学习的分类

设矩阵 D_i 根据训练数据 i 在不同参与方之间的数据特征空间和样本 ID 空间的分布情况，联邦学习可以划分为横向联邦学习（Horizontal Federated Learning，HFL）、纵向联邦学习（Vertical Federated Learning，VFL）和联邦迁移学习（Federated Transfer Learning，FTL）。以有两个参与方的联邦学习场景为例，图 9.3 展示了横向联邦学习的定义[1]，而图 9.4 和图 9.5 分别展示了纵向联邦学习和联邦迁移学习的定义[1]。

横向联邦学习适用于参与方的数据具有重叠的数据特征，即数据特征在参与方之间是对齐的，但参与方拥有的数据样本是不同的。它类似于在表格视图中按样本划分数据的情况。因此，横向联邦学习也被称为按样本划分的联邦学习（Sample-Partitioned Federated Learning Example-Partitioned Federated Learning[2]）。

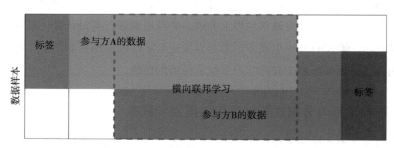

图 9.3 横向联邦学习（按样本划分的联邦学习）

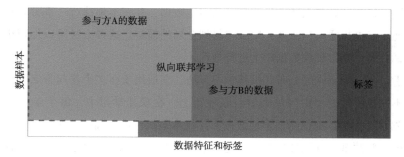

图 9.4 纵向联邦学习（按特征划分的联邦学习）

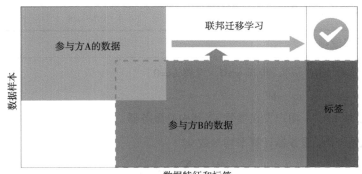

图 9.5 联邦迁移学习

与横向联邦学习不同，纵向联邦学习适用于联邦学习参与方的训练数据具有重叠的数据样本，即参与方之间的数据样本是对齐的，但在数据特征上有所不同。它类似于数据在表格视图中按特征划分的情况。因此，纵向联邦学习也称为按特征划分的联邦学习（Feature-Partitioned Federated Learning[2]）。联邦迁移学习适用于参与方的数据样本和数据特征重叠都很少的情况。例如，当联邦学习的参与方是两家服务于不同区域市场的银行时，它们虽然可能只有很少的重叠客户，但是客户的数据可能因为相似的商业模式而有非常相似的特征空间。这意味着，这两家银行的用户的重叠部分较小，而数据特征的重叠部分较大，这两家银行就可以通过联邦迁移学习的方式协同建立一个机器学习模型[1,3]。

9.5 联邦学习算法

对于具有数据集 $\{\mathcal{D}_1, \mathcal{D}_2, \cdots, \mathcal{D}_m\}$ 的 m 个本地客户端节点（或设备），每个客户端都有全部损失

$$f_i(\mathbf{w}) := \frac{1}{d_i} \sum_{x \in \mathcal{D}_i} \ell_i(\mathbf{w}; \mathbf{x}) \tag{9.1}$$

其中，$\ell_i(\mathbf{w}; \mathbf{x}): \mathbb{R}^n \mapsto \mathbb{R}$ 是连续损失函数并且从下有界，d_i 是 $\mathcal{D}_i$ 的基数，$\mathbf{w} \in \mathbb{R}^n$ 是要学习的参数。总损失函数可由下式定义

$$f(\mathbf{w}) := \sum_{i=1}^{m} \alpha_i f_i(\mathbf{w}) \tag{9.2}$$

其中，α_i 是满足 $\sum_{i=1}^{m} \alpha_i = 1$ 的正权重。FL 的任务是学习最小化总损失的最优参数 $\mathbf{w}^*$，即

$$\mathbf{w}^* := \underset{\mathbf{w} \in \mathbb{R}^n}{argmin} f(\mathbf{w}) \tag{9.3}$$

由于 f_i 应该是从下有界的，所以有

$$f^* := f(w^*) > -\infty \tag{9.4}$$

9.5.1 联邦学习的算法

算法 9.1：联邦学习

初始化 $w_i^0 = w^0$，$i \in 0 \; [m]$，步长 $\gamma > 0$。设置 $k \Leftarrow 0$

for　$k = 0$，1，2，$\cdots$，m　do

　　权重更新：每一个用户发送参数 w_i^k 到中心服务器。

　　全域集合：中心服务器计算平均参数 w^{k+1}

$$w^{k+1} = \sum_{i=1}^{m} \alpha_i w_i^k \tag{9.5}$$

　　权重返还：中心服务器广播参数 w^{k+1} 到每一个用户

　　for　$k = 0$，1，2，$\cdots$，m　do

　　　　局部更新：每一个用户通过本地并行更新其参数

$$w_i^{k+1} = w^{k+1} - \gamma \, \nabla f_i \left(w^{k+1} \right) \tag{9.6}$$

　　end

end

9.5.2 联邦学习步骤

联邦学习步骤如图 9.6 所示。

步骤 1：系统初始化，由中心服务器发送建模任务，寻找客户端，与其达成某种协议，进入联合建模过程，由中心服务器向各个数据持有方发送原始参数。

步骤 2：工作端进行计算，将本地计算后所得的梯度上传，用于全局模型的一次更新。

步骤 3：服务器收到多个来自工作端数据的计算结果后，对这些计算值进行聚合。通过一定的算法对数据进行加密。

步骤 4：模型更新，中心服务器根据聚合后的结果对模型进行一次更新，并将更新后的参数返回给持有方，开始下一轮的局部计算。当模型被训练得足够好时，训练终止。

9.5.3 联邦学习与分布式机器学习的区别

分布式机器学习由服务器端与工作端构成，训练模型的过程中，训练的大量计算都是工作端的设备做的，服务器端负责存储和更新模型参数。每一轮计算都要重复以下操作：服务器端将最新的参数发送到工作端（通信），工作端用本地数据训练模型参数及梯度，计算出梯度后将梯度发送回服务器端，服务器端通过某种方法更新参数，这样就完成了一次迭代。每轮过程需要两次迭代。

联邦学习是一种特殊的分布式机器学习，其有很多新颖的应用，带来了许多有趣的问

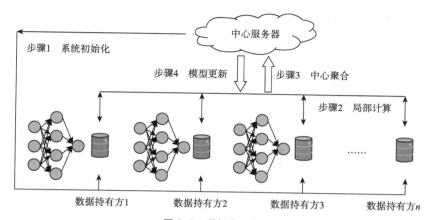

图9.6 联邦学习步骤

题。首先，用户设备和数据具有绝对的控制权，用户可以随时让设备停止参与通信，类似于每个邦都有很强的自治权。其次，参与联邦学习的节点都是手机等节点，其性质很不稳定，可能随时无法连接到服务器。传统分布式学习的设备非常稳定。同时，连接到服务器的设备有很多的不同，有的可能是先进的高端手机，有的可能是很久以前的旧手机，这就导致运算速度截然不同。因此分布式机器学习的很多算法在联邦学习中可能是无效的，这对计算造成了困难。联邦学习同时也有巨大的通信代价，通信代价已经大于计算代价。有时候通信不可能立刻完成，甚至会有很大的延迟。此外，联邦学习的数据不是均匀且随机打乱，每个用户的统计性质截然不同，因此不是独立地分布。最后，联邦学习的用户节点使用不平衡，有的节点数据量巨大，有的却非常小。因此联邦学习无法像传统分布式计算一样达到负载均衡。

9.6 ADMM 联邦学习算法

9.6.1 基于 ADMM 的联邦学习

联邦学习中的优化问题可以表示为

$$\underset{\in \mathbb{R}^n}{\arg\min} f(\mathbf{w}) := \sum_{i=1}^{m} \alpha_i f_i(\mathbf{w}) \tag{9.7}$$

其中，每个客户端的损失表示为

$$f_i(\mathbf{w}) := \frac{1}{d_i} \sum_{x \in \mathcal{D}_i} \ell_i(\mathbf{w}; \mathbf{x})$$

通过引入辅助变量 $\mathbf{w}_l = \mathbf{w}$，式（9.7）可以表示为

$$\min_{\mathbf{w}, W} \sum_{i=1}^{m} \alpha_i f_i(\mathbf{w}_i),$$

$$\text{s. t.} \quad \mathbf{w}_i = \mathbf{w}, j \in [m] \tag{9.8}$$

为了实现 ADMM，相应的增广拉格朗日函数由下式定义

$$\mathcal{L}(\mathbf{w}, W, \Pi) := \sum_{i=1}^{m} (\underbrace{(\alpha_i f_i(\mathbf{w}_i) + \langle \mathbf{w}_i - \mathbf{w}, \boldsymbol{\pi}_i \rangle + \sigma_i/2 \| \mathbf{w}_i - \mathbf{w} \|^2)}_{=:L(\mathbf{w},\mathbf{w}_i,\boldsymbol{\pi}_i)} \qquad (9.9)$$

其中，Π 是拉格朗日乘子，$\sigma_i > 0$，$i \in [m]$。我们有联邦学习的 ADMM 框架。也就是说，对于初始点 i（$\mathbf{w}^0$，W^0，Π^0）和任意 $k \geqslant 0$，迭代地执行以下更新

$$\begin{cases} \mathbf{w}^{k+1} = \text{argmin}_\mathbf{w} \mathcal{L}(\mathbf{w}, W^k, \Pi^k) \\ \quad\quad = \dfrac{1}{\sigma} \sum_{i=1}^{m} (\sigma_i \mathbf{w}_i^k + \boldsymbol{\pi}_i^k) \mathbf{w}_i^{k+1} \\ \mathbf{w}_i^{k+1} = \text{argmin}_{\mathbf{w}_i} L(\mathbf{w}^{k+1}, \mathbf{w}_i, \boldsymbol{\pi}^k), \; i \in [m] \\ \boldsymbol{\pi}_i^{k+1} = \boldsymbol{\pi}_i^k + \sigma_i(\mathbf{w}_i^{k+1} - \mathbf{w}^{k+1}), \; i \in [m] \end{cases} \qquad (9.10)$$

其中，$\sigma := \sum_{i=1}^{m} \sigma_i$。基于该框架，我们在算法 9.2 中给出了算法，并在续集中突出了它的优点。

算法 9.2：基于 ADMM 的联邦学习

初始化 $\mathbf{w}_i^0$，π_i^0，$\sigma_i > 0$，$i \in [m]$。设置 $k \Leftarrow 0$

for $k = 0, 1, 2, \cdots, m$ do

    权重更新：每一个用户发送参数 $\mathbf{w}_i^k$ 和 $\boldsymbol{\pi}_i^k$ 到中心服务器

      全域集合：中心服务器计算平均参数 $\mathbf{w}^{k+1}$

$$\mathbf{w}^{k+1} = \text{argmin}_w \ell(\mathbf{w}, W^k, \Pi^k) \qquad (9.11)$$

    权重返还：中心服务器广播参数 $\mathbf{w}^{k+1}$ 到每一个客户

    for $k = 0, 1, 2, \cdots m$ do

      局部更新：每个用户通过本地并行更新其参数

$$\mathbf{w}_i^{k+1} = \text{argmin}_{wi} L(\mathbf{w}^{k+1}, \mathbf{w}_i, \pi_i^k) \qquad (9.12)$$

$$\pi_i^{k+1} = \pi_i^k + \sigma_i(\mathbf{w}_i^{k+1} - \mathbf{w}^{k+1})$$

    end

end

9.6.2　基于 ADMM 的联邦学习的收敛性分析

本节的目的是建立基于 ADMM 联邦学习算法的全局收敛，在此之前，我们定义了问题 $\min_{\mathbf{w}, W} \sum_{i=1}^{m} \alpha_i f_i(\mathbf{w}_i)$，s. t. $\mathbf{w}_i = \mathbf{w}$，$i \in [m]$ 和 $\mathbf{w}^* := \text{argmin}_{\mathbf{w} \in \mathbb{R}^n} f(\mathbf{w})$ 的稳定点条件如下。

定义 9.1 一个点 $(\mathbf{w}^*, W^*, \Pi^*)$ 是问题 $\min_{\mathbf{w}, W} \sum_{i=1}^{m} \alpha_i f_i(\mathbf{w}_i)$, s. t. $\mathbf{w}_i = \mathbf{w}$, $i \in [m]$ 的固定点, 如果它满足

$$\begin{cases} \alpha_i \nabla f_i(\mathbf{w}_i^*) + \boldsymbol{\pi}_i^* = 0, \ i \in [m] \\ \mathbf{w}_i^* - \mathbf{w}^* = 0, \quad i \in [m] \\ \sum_{i=1}^{m} \boldsymbol{\pi}_i^* = 0 \end{cases} \tag{9.13}$$

不难证明问题的任何局部最优解一定满足定义 (9.1)。如果 f_i 对每个 $i \in [m]$ 都是凸的, 则一个点是全局最优解的充要条件是它满足定义 9.1。此外, 驻点 $(\mathbf{w}^*, W^*, \Pi^*)$ 表示

$$\nabla f(\mathbf{w}^*) = \sum_{i=1}^{m} \alpha_i \nabla f_i(\mathbf{w}^*) = -\sum_{i=1}^{m} \boldsymbol{\pi}_i^* = 0 \tag{9.14}$$

也就是说, $\mathbf{w}^*$ 也是问题 $\mathbf{w}^* := \underset{\mathbf{w} \in \mathbb{R}^n}{\mathrm{argmin}} f(\mathbf{w})$ 的一个稳定点。

9.7 改进的 ADMM 联邦学习算法

9.7.1 CEADMM 算法

算法 9.2 在每一步中都需要重复全域平均和局部更新, 即本地用户和中央服务器在每一步都需要交流通信。这意味着中央服务器将权重 w^{k+1} 广播到所有的用户, 并且每个用户上传他们的权重 w_i^{k+1} 和 π_i^{k+1}。然而, 频繁的通信将会产生极大的代价, 如非常长的学习时间和巨大的资源, 因此在现实中应当避免此种现象。

因此, 减少交流资源是必要的, 因为其决定了学习过程的效率。接下来我们将介绍几种算法, 其允许用户减少升级参数和上传参数到服务器的次数, 换言之, 中心服务器仅在一些步骤收集参数。由此, 我们设计了 CEADMM 算法。

CEADMM 的框架说明, 通信发生当且仅当 $k \in \mathcal{K} := \{0, k_0, 2k_0, 3k_0, \cdots\}$, 其中, k_0 是预定义的正整数。因此, 通信回合可以被减少, 可以极大地减少损失。

我们定义了一个辅助变量 $y^{k+1} := w^{\tau_{k+1}}$, 其中 $\tau_k := [k/k_0] k_0$。显然可以得到 $\tau_d < k < \tau_k < k_0$。(如果 $k \not\ni \mathcal{K}$ 且 $k = \tau_k$, 如果 $k \in \mathcal{K}$) 因此, y^{k+1} 有以下更新

$$y^{k+1} = \begin{cases} w^{k+1}, & \text{如果} \quad k \in \mathcal{K} \\ w^{\tau_{k+1}} & \text{如果} \quad k \notin \mathcal{K} \end{cases} \tag{9.15}$$

算法 9.3：CEADMM：通信高效的基于 ADMM 的联邦学习

初始化 w_i^0，π_i^0，$\sigma_i < 0$，$i \in [m]$。一个正整数 $k_0 > 0$，设置 $k \Leftarrow 0$

for $k = 0, 1, 2, \cdots$ do

    if $k \in \mathcal{K} := \{0, k_0, 2k_0, 3k_0, \cdots\}$ then

        权重更新：每一个客户发送它的参数 w_i^k 和 π_i^k 到中心服务器

        全域集合：中心服务器计算参数 w^{k+1} 的参数

$$w^{k+1} = \sum_{i=1}^m \frac{\sigma_i w_i^k}{\sigma} + \sum_{i=1}^m \pi_i^k \tag{9.16}$$

        权重返还：中心服务器广播参数 w^{k+1} 到每一个用户

    end

    for $k = 0, 1, 2, \cdots, m$ do

        局部更新：通过让

$$y^{k+1} := w^{\tau_{k+1}}，\text{其中 } \tau_k := [k/k_0] k_0 \tag{9.17}$$

        每一个用户通过本地并行更新其参数，通过解如下

$$w_i^{k+1} = \arg\min_m \alpha_i f_i(w_i) + \langle w_i - y^{k+1}, \pi_i^k \rangle + \frac{\sigma_i}{2} \| w_i - y^{k+1} \|^2 \tag{9.18}$$

$$\pi_i^{k+1} = \pi_i^k + \sigma_i(w_i^{k+1} - y^{k+1}) \tag{9.19}$$

    end

end

9.7.2 Inexact CEADMM 算法

在算法 9.3 中，每个用户 i 在收到全局参数 y^{k+1} 后需要计算两个参数 w_i^{k+1} 和 π_i^{k+1}。后一个参数可以通过（9.18）直接计算，而前者是通过求解问题（9.19）获得的，这通常不能推出一个闭形式的解，从而导致昂贵的计算成本。为了加速本地客户端的计算，许多策略旨在近似地解决全局收敛问题。

对此，我们用不精确更新方法来减少计算量。全局收敛的近似解的常用方法利用了二阶泰勒式展开。准确地说，在点 z_i^k 附近以 w_i 展开 f_i

$$h_i(w_i; z_i^k, H_i) := f_i(z_i^k) + \langle \nabla f_i(z_i^k), w_i - z_i^k \rangle + \frac{1}{2} \| w_i - z_i^k \|_{H_i}^2 \tag{9.20}$$

这时，有

$$w_i^{k+1} = \arg\min_{w_i} \alpha_i h_i(w_i;\ z_i^k,\ H_i) + \langle w_i - y^{k+1},\ \pi_i^k \rangle + \frac{\sigma_i}{2} \| w_i - w^{k+1} \|^2$$

$$= z_i^k - (\alpha_i H_i + \sigma_i I)^{-1} [\sigma_i(z_i^k - y^{k+1}) + \alpha_i \nabla f_i(z_i^k) + \pi_i^k] \tag{9.21}$$

这里，$H_i \geqslant 0$ 可以被选择来满足 $H_i \approx \nabla^2 f_i$，如果 f_i 的梯度是以常数 $r_i > 0$ 李普希茨连续的，这时 H_i 可以被选择为 $H_i \approx r_i I$。对于局部更新点 z_i^k，我们有两个潜在的选择：原始局部参数 w_i^k 或者更新参数 w^{k+1} 到服务器。

选择 1：如果 $z_i^k = w_i^k$，这时有

$$w_i^{k+1} = w_i^k - (\alpha_i H_i + \sigma_i I)^{-1} [\sigma_i (w_i^k - y^{k+1}) + g_i^k + \pi_i^k] \tag{9.22}$$

选择 2：如果 $z_i^k = y^{k+1}$，这时有

$$w_i^{k+1} = w^{k+1} - (\alpha_i H_i + \sigma_i I)^{-1} [\alpha_i \nabla f_i (y^{k+1}) + \pi_i^k] \tag{9.23}$$

算法 9.4：LIADMM：线性化的不精确 ADMM 的联邦学习

初始化 w_i^0，π_i^0 一个步长 $\gamma > 0$，设置 $k \Leftarrow 0$

for $k = 0, 1, 2, \cdots$ do

    权重更新：每一个客户发送它的参数 w_i^k 和 π_i^k 到中心服务器

    全域集合：中心服务器计算参数 w^{k+1} 的参数

$$w^{k+1} = \sum_{i=1}^{m} \alpha_i w_i^k + \gamma \sum_{i=1}^{m} \pi_i^k \tag{9.24}$$

    权重返还：中心服务器广播参数 w^{k+1} 到每一个用户

    for $k = 0, 1, 2, \cdots, m$ do

        局部更新：每一个用户通过本地并行更新其参数，通过解如下

$$w_i^{k+1} = w^{k+1} - \gamma \nabla f_i (w^{k+1}) - \frac{\gamma}{\alpha_i} \pi_i^k \tag{9.25}$$

$$\pi_i^{k+1} = \pi_i^k + \frac{\alpha_i}{\gamma}(w_i^{k+1} - w^{k+1}). \tag{9.26}$$

    end

end

9.7.3 不精确的有效通信 ADMM

算法 9.4 聚焦于 $k_0 = 1$ 的情况，其通信低效。因此，通过算法 9.3 的想法，我们设置 $k_0 > 1$，同时，与算法 9.4 利用选择 2 不同，我们使用选择 1（i.e.，$z_i^k = w_i^k$），根据逼近函数 $h_i (w_i^{k+1};\ w_i^k, H_i)$ 来展开 f_i。在 $k_0 > 1$ 时，它将会比 $h_i(w^{k+1};\ w_i^k, H_i)$ 更接近 $h_i(w_i^k;\ w_i^k, H_i) = f_i(w_i^k)$。

算法 9.5：一种精确通信高效的 ADMM 联邦学习

初始化 w_i^0，π_i^0，$\sigma_i > 0$，$H_i \geqslant 0$，$i \in [m]$ 和一个正整数 $k_0 > 0$，设置 $k \Leftarrow 0$

for $k = 0, 1, 2, \cdots$ do

    if $k \in \mathcal{K} := \{0, k_0, 2k_0, 3k_0, \cdots\}$ then

        权重更新：每一个客户发送它的参数 w_i^k 和 π_i^k 到中心服务器

        全域集合：中心服务器计算参数 w^{k+1} 的参数

$$w^{k+1} = \sum_{i=1}^{m} \frac{\sigma_i w_i^k}{\sigma} + \sum_{i=1}^{m} \frac{\pi_i^k}{\sigma} \tag{9.27}$$

        权重返还：中心服务器广播参数 w^{k+1} 到每一个用户

    end

    for $k = 0, 1, 2, \cdots, m$ do

        局部更新：通过让

$$y^{k+1} := w^{\tau_k+1}, \ \text{其中} \ \tau_k := [k/k_0] \ k_0 \tag{9.28}$$

        每一个用户通过本地并行更新其参数，通过解如下

$$w_i^{k+1} = w_i^k - (\alpha_i H_i + \sigma_i I)^{-1} [\sigma_i (w_i^k - y^{k+1}) + g_i^k + \pi_i^k] \tag{9.29}$$

$$\pi_i^{k+1} = \pi_i^k + \sigma_i (w_i^{k+1} - y^{k+1}) \tag{9.30}$$

    end

end

总的来说，我们解决问题

$$w_i^{k+1} = \arg\min_{w_i} \alpha_i h_i(w_i; w_i^k, H_i) + \langle w_i - y^{k+1}, \pi_i^k \rangle + \frac{\sigma_i}{2} \| w_i - y^{k+1} \|^2$$

$$= \arg\min_{w_i} \langle \alpha_i \nabla f_i(w_i^k) + \pi_i^k, w_i \rangle + \frac{\sigma_i}{2} \| w_i - w_i^k \|_{H_i}^2 + \frac{\sigma_i}{2} \| w_i - y^{k+1} \|^2$$

$$= w_i^k - (\alpha_i H_i + \sigma_i I)^{-1} [\sigma_i(w_i^k - y^{k+1}) + g_i^k + \pi_i^k] \tag{9.31}$$

9.7.4 不精确的 ADMM 联邦学习

算法 9.6：不精确的 ADMM 联邦学习

初始化一个正整数 $k_0 > 0$ 和 $\Omega^0 = [m]$，设置 $k = 0$，定义 $\tau_k := [k/k_0]$ 和 $g_i^k := \alpha_i \nabla f_i(w_i^k)$，所有用户 $i \in [m]$，初始化 ε_i^0，$\sigma_i > 0$，$v_i \in [1/2, 1)$，w_i^0，$\pi_i^0 = -g_i^0$，$z_i^0 = \sigma_i w_i^0 + \pi_i^0$，并且发送 σ_i 到服务器来计算 $\sigma = \sum_{i=1}^{m} \sigma_i$

算法 9.6：不精确的 ADMM 联邦学习

for $\quad k = 0,\ 1,\ 2,\ \cdots \quad$ do

$\quad$ If $\quad k \in \mathcal{K} := \{0,\ k_0,\ 2k_0,\ 3k_0,\ \cdots\} \quad$ then

$\qquad$ 更新权重：（通信发生）

$\qquad$ 在集合 $\Omega^{\tau_{k+1}}$ 中的用户向服务器发送他们的参数 $\{z_i^k : i \in \Omega^{\tau_{k+1}}\}$

$\qquad$ 全局平均：

$\qquad\quad$ 服务器计算参数 $w^{\tau_{k+1}}$

$$w^{\tau_{k+1}} = \frac{1}{\sigma} \sum_{i=1}^{m} z_i^k \qquad (9.32)$$

$\qquad$ 权重返还：（通信发生）

$\qquad$ 服务器随机选择 $[m]$ 中的用户成为一个 $\Omega^{\tau_{k+1}}$ 的子集，并且广播他们的参数 $w^{\tau_{k+1}}$

$\quad$ end

$\quad$ for $\quad$ 每一个 $i \in \Omega^{\tau_{k+1}} \quad$ do

$\qquad$ 局部更新：客户 i 按照如下操作更新其参数

$$\varepsilon_i^{k+1} \le v_i \varepsilon_i^k \qquad (9.33)$$

$\qquad\quad$ 通过求解 $\min_{w_i} \mathcal{L}\ (w^{\tau_{k+1}},\ w_i,\ \pi^k)$

$\qquad$ 找到 $w^{\tau_{k+1}}$，使得 $\| g_i^{k+1} + \pi_i^j + \sigma_i\ (w^{k+1} - w^{\tau_{k+1}})\ \|^2 \le \varepsilon_i^{k+1} \qquad (9.34)$

$$\pi_i^{k+1} = \pi_i^k + \sigma_i\ (w^{k+1} - w^{\tau_{k+1}}) \qquad (9.35)$$

$$z_i^{k=1} = \sigma_i w^{k+1} + \pi_i^{k+1} \qquad (9.36)$$

$\quad$ end

$\quad$ for $\quad$ 每一个 $i \in \Omega^{\tau_{k+1}} \quad$ do

$\qquad$ 局部不变性：用户 i 保持他们的参数

$$(\varepsilon_i^{k+1},\ w_i^{k+1},\ \pi_i^{k+1},\ z_i^{k+1}) = (\varepsilon_i^k,\ w_i^k,\ \pi_i^k,\ z_i^k) \qquad (9.37)$$

$\quad$ end

end

前文中，我们讲述了联邦学习的 ADMM 算法以及四种改进算法，为了减少通信代价，节省资源，CEADMM 减少了中心服务器与地方用户的通信次数，仅在特定数目 $k \in \mathcal{K} := \{0,\ k_0,\ 2k_0,\ 3k_0,\ \cdots\}$ 时发生通信，提升了算法效率；但由于其求解形式无法推出一个闭集形式的解，导致本地计算的成本高昂，因此 LIADMM 使用了线性化的不精确方向的 ADMM 方法，将目标函数以二阶泰勒展开，减少了计算量。ICEADMM 吸取了上述方法的优点，在特定数目进行通信的同时，将目标函数以二阶泰勒展开逼近，同时使用了另一种辅助变量的方法，使得逼近达到了更好的效果。算法 9.6 在减少了通信次数的同时，设置了判别条件，使得程序在预期的状况下可以快速收敛。

参考文献

［1］ Shenglong Zhou, Geo_rey Ye Li. Communication – Efficient ADMM – based Federated Learning［J］. arXiv:2110. 15318v3.

［2］ Shenglong Zhou, Geo_rey Ye Li. Federated Learning via Inexact ADMM［J］. arXiv: 2204. 10607v1.

［3］ WANG Jianzong. Research Review of Federated Learning Algorithms. Big Data Research［J］. 2020,6(6):2020055-1-doi:10. 11959/j. issn. 2096-0271. 2020(055).

［4］ 贾慧敏. 求解最优化问题的 ADMM 算法的研究［D］. 武汉:华中科技大学,2016.

［5］ Yazheng Dang, Xuan Zhou. Convergence Analysis of Distributed Bregman ADMM for Nonconvex Global Consensus Problems［C］.

第10章 分布式机器学习的同步ADMM算法和异步ADMM算法

在前几章中，我们介绍了 ADMM（Alternating Direction Method of Multipliers）算法作为分布式机器学习的一种经典算法框架。然而，分布式机器学习算法有多种变体，其中根据通信步调的不同，可以大致分为同步算法和异步算法两类。

本章首先会介绍同步和异步的通信机制，并详细介绍多种同步算法，分析它们的优缺点。同步算法指的是参与方在每一轮迭代中都进行计算，并在同步点进行通信和参数更新。我们将探讨各种同步算法，并对它们的性能进行评估。接下来，我们将介绍异步算法及其优缺点。异步算法允许参与方在不同的时间进行计算和通信，因此具有更高的灵活性。然而，异步算法可能带来延迟的问题，我们将讨论已有的处理策略以及相应的改进算法。

此外，我们还将介绍如何融合同步和异步算法，以平衡通信效率和训练效果。这种混合算法的设计可以在一定程度上提高系统的性能。最后，我们将简要介绍两种并行算法，这两种算法可以进一步提高分布式机器学习系统的训练效率。

10.1 同步—异步通信机制

在数据并行的框架下，每个工作节点会学到基于局部数据的子模型，那么为了实现全局的信息共享，需要把这些子模型或子模型的更新（如梯度）作为通信的内容[1]。但并不是唯一内容，在每个工作节点进行自身的训练过程中，会发现一些对于学习而言非常重要的样本（例如，当使用支持向量机作为单机学习算法时，支持向量机就是重要的样本），那么可以将这些重要样本作为通信内容，就能够在多个工作节点的协作下，迅速发现全局的重要样本，加速整个训练进程。在确定通信内容之后，还需要关心哪些工作节点之间需要进行通信。

分布式机器学习与单机版机器学习最大的区别就是它利用多个工作节点同时训练，相互合作以加强学习过程。既然需要相互合作，那么通信就成为不可缺少的一部分。分布式机器学习的关键是设计通信机制。

分布式及其学习中的各个工作节点，既相互独立地完成各自的训练任务，又需要彼此通信协调合作。为更好地进行协调，需要控制系统中各个工作节点的步调。一种方式是需要所有的工作节点以同样的步调进行训练，就是同步通信。采用同步通信可以使多个工作节点上的模型完全一致。在许多情况下，同步通信方式能够保证分布式算法与单机算法的等价性，从而有利于算法的分析和调试。但需要各个工作节点之间彼此等待，造成计算资源闲置。所以这种方式具有算法上的优势，但存在系统上的劣势。另一种方式则对所有工作节点的步调没有一致性要求，称为异步通信。异步通信的各个机器按照自己的步调训练，无须彼此等待，从而最大化计算资源的利用效率。但这种方式会使得各个工作节点之间的模型彼此不一致，所以此种方式具有系统上的优势，但存在算法上的劣势。在这两种极端的通信步调中间，还存在一种折中的方式——同步—异步融合算法，以平衡同步和异步的优缺点，接下来，我们就介绍同步算法、异步算法和同步—异步融合算法。

10.2　同步算法

同步算法的最大特点是在通信过程中有一个显式的全局同步状态，即同步屏障。当工作节点运行到同步屏障时，就会进入等待状态，直到其他工作节点均运行到同步屏障为止。接下来不同工作节点的信息被聚合并分发回来，然后各个工作节点据此开展下一轮的模型训练。就这样，一次同步接着下一次同步，周而复始地运行下去。

在接下来的内容中，本书会介绍几种不同的同步算法，包括同步 SGD 算法及其变种、模型平均方法及其变种，以及弹性平均方法等，书中会介绍这些算法的细节，并进行一定程度的横向比较。

10.2.1　同步 SGD 方法

首先从最基础的算法开始介绍，最简单有效的方法是非随机梯度下降法（SGD），基于数据并行的算法就是同步 SGD（SSGD）[2]。

SSGD 对应的算法流程可以表达如下。

算法 10.1：SSGD 算法流程

//工作节点 k

Initialize：全局参数 w_0，工作节点数 K，全局迭代数 T，学习率 η_t

for $t = 0, 1, \cdots, T-1$ do

读取当前模型 w_t

    从训练集 S 中随机抽取或者在线获取样本（或小批量）$i_t^k \in [n]$

    计算这个样本上的随机梯度 $\nabla f_{i_t^k}(w_t)$

    同步通信获得所有节点上的梯度的和 $\sum\limits_{k=1}^{K} \nabla f_{i_t^k}(w_t)$

    更新全局参数 $w_{t+1} = w_t - \dfrac{\eta_t}{K} \sum\limits_{k=1}^{K} \nabla f_{i_t^k}(w_t)$

end for

从算法 10.1 可以看出：SSGD 算法实际上是将各个工作节点依据本地训练数据所得到的梯度叠加起来。这个过程其实等价于一个批量大小增大 K 倍的单机 SGD 算法。由于这种等价性，SSGD 的理论性质比较容易分析。SSGD 算法在每一个小批量更新之后都有一个同步过程，因此通信频率较高。如果每个小批量训练的计算量很大，而模型规模又不大（比如深度神经网络中的卷积神经网络），则同步通信带来的网络传输开销相对较小，可以获得理想的加速性能。但是，如果小批量中样本较少（从而计算量不大），而模型规模又较大，则可能需要花费数倍于计算时间的代价来进行通信，结果是多机并行运算可能无法得到理想的加速。

那么如何解决这个问题呢？一般而言，我们有两种途径。一是在通信环节中加入时空滤波，减少通信量，节省通信时间。这样在计算时间不变的情况下，可以提高加速比。二是扩大本地学习时的批量，这样可以拉长本地计算时间，从而在通信时间不变的情况下提高加速比。然而，对于机器学习问题而言，我们不仅关心数据处理的速度，更关心学习到的模型的精度。那么，小批量中样本个数对于模型优化的影响又是怎样的？

SSGD 为了获得更好的加速比而增加小批量中的样本个数时，可以成功地减小所求梯度的方差，提高模型的精度。但是，也增大了一次迭代的代价，降低了训练速度。从这个意义上讲，小批量大小是存在一个最优值的，常常需要依赖实验调试，单纯增加小批量的大小将会事与愿违。

近年来，随着深度神经网络的盛行，人们对于在训练深度神经网络过程中小批量大小对模型性能的影响做了特别的研究。因为神经网络的目标函数是高度非凸的，所以对它的分析会与局部最优、损失函数曲面、学习率等因素有关，比简单的方差—速度的平衡要更加复杂。

10.2.2 模型平均方法及其改进

前面提到 SSGD 由于通信比较频繁，在通信与计算的占比较大时，难以取得理想的加速效果。接下来我们介绍一种通信频率比较低的同步算法——模型平均方法（Model Average，MA）[3]。在 MA 算法中，每个工作节点会根据本地数据对本地模型进行多轮的更新迭代，直到本地模型收敛或者本地迭代轮数超过一个预设的阈值，再进行一次全局的模型平均，并以此均值作为最新的全局模型继续训练，其具体流程如下所示。

算法 10.2：MA 算法流程

工作节点 k

Initialize：全局参数 w_0，工作节点数 K，全局迭代数 T，通信间隔 M，学习率 η_m

for $t = 0, 1, \cdots, T-1$ do

    读取当前模型 $w_t^k = w_t$

    for $m = 0, 1, \cdots, M-1$ do

        从训练集 S 中随机抽取或者在线获取样本（或小批量）$i_m^k \in [n]$

        更新 $w_t^k = w_t^k - \eta_m \nabla f_{i_m^k}(w_t^k)$

    end for

    同步通信得到所有节点上参数的平均 $\dfrac{1}{K}\sum\limits_{k=1}^{K} w_t^k$

    更新全局模型：$w_{t+1} = \dfrac{1}{K}\sum\limits_{k=1}^{K} w_t^k$

end for

MA 方法按照通信间隔的不同，可以分为下面两种情况：

（1）只在所有工作节点完成本地训练之后，做一次模型平均。这种情况所需的通信量极少，本地模型在迭代过程中没有任何交互，可以完全独立地并行计算，通信只在模型训练的最后发生一次。这类算法在强凸问题下的收敛性是有保证的，但对非凸问题不一定适用（比如神经网络）。因为本地模型可能落到了不同的局部凸子域，对参数的平均无法保证最终模型的性能。

（2）在本地完成一定轮数的迭代之后，就做一次模型平均，然后用这次平均模型的结果作为接下来训练的起点，继续进行迭代，循环往复。相比于只在最终做一次模型平均，中间的多次平均控制了各个工作节点模型之间的差异，降低了它们落到不同的局部凸子域的可能性，从而保证了最终模型的精度。这种方法被广泛应用于很多实际的机器学习系统（如 CNTK）之中。

在 MA 算法中，不论梯度的本地更新流程是什么策略，在聚合平均的时候都只是将来自各个工作节点的模型进行简单平均。如果把每次平均之间的本地更新称作一个数据块（Block）的话，那么模型平均可以看作基于数据块的全局模型更新流程。

10.2.3　ADMM 算法

在 MA 算法中，来自各个工作节点的模型被简单地进行平均。ADMM 算法为模型的聚合提供了一种更加优雅的方式——通过求解一个全局一致性的优化问题进行模型聚合。该方法利用全局共享的对偶变量，将各个工作节点的模型有效地联系起来。接下来我们用数学语言来描述一下将 ADMM 用于分布式机器学习的原理。

使用 K 台机器进行数据并行的分布式机器学习可以用下面的优化问题来描述

$$\min_w \sum_{k=1}^{K} \hat{l}^k(w^k)$$

ADMM 算法引入一个辅助变量 z 来控制各个工作节点上的模型 w 的差异，使它们彼此接近。我们转而求解以下带约束优化问题

$$\min_{w_1, \cdots, w_K} \sum_{k=1}^{K} \hat{l}^k(w^k)$$

$$s.t.\, w^t - z = 0,\ k = 1,\ \cdots,\ K$$

有了这个基本的定义，利用对偶方法，实际求解的优化问题就变成

$$\min_{w_1, \cdots, w_K} \sum_{k=1}^{K} \left(\hat{l}^k(w^k) + (\lambda_t^k)^T(w^k - z_t) + \frac{\rho}{2}\|w^k - z_t\|_2^2 \right)$$

算法 10.3 给出了利用 ADMM 进行分布式机器学习的算法流程[4]。

算法 10.3：ADMM 算法流程

工作节点 k

Initialize：本地参数 w_0^k，λ_t^k，局部工作节点数 K，全局迭代数 T

for $t = 0,\ 1,\ \cdots,\ T-1$ do

续表

算法 10.3：ADMM 算法流程

获取全局对偶变量 z_t

对本地对偶变量 λ_t^k 进行更新，$\lambda_{t+1}^k = \lambda_t^k + \rho(w_t^k - z_t)$

求解局部最优化问题，更新本地的参数 w_t^k

$$w_{t+1}^k = \underset{S_k}{\arg\min}\left(\hat{l}^k(w_t^k) + (\lambda_t^k)^{\mathrm{T}}(w_t^k - z_t) + \frac{\rho}{2}\parallel w_t^k - z_t \parallel_2^2\right)$$

将 w_{t+1}^k，λ_{t+1}^k 发往主节点

end for

主节点

Initialize：本地参数 z_0，局部工作节点数 K

Repeat

    Repeat

        等待收取工作节点发来的局部模型 w_t^k，λ_t^k

    Until 收取到所有 K 个节点的局部模型

    进行全局的对偶变量的修改 $z_{t+1} = \dfrac{1}{K}\sum\limits_{k=1}^{K}\left(w_t^k + \dfrac{1}{\rho}\lambda_t^k\right)$

    将 z_{t+1} 发回各个工作节点

end for

    算法 10.3 分为本地的最小化求解过程和全局对偶变量更新过程两个步骤。从并行性能来说，ADMM 每次迭代都需要求解一个比较复杂的优化问题，本地计算的时间相对较长，因而通信代价小，并行的效率很高，很容易通过多机的并行达到线性加速比。

    下面我们把 MA 算法和 ADMM 算法进行简单比较。首先，MA 整体的计算步骤与ADMM 是非常相似的。实际上，ADMM 中的 z 变量对应于 MA 中的全局平均模型，只是MA 的本地更新过程没有引入拉格朗日正则项。因此，从本地优化的角度来看，MA 对原本的目标函数的优化更直接，计算量也更少。从训练效率来看，MA 比 ADMM 要更好，所以 MA 确实是众多工程系统中常用的方法。从泛化性能来看，ADMM 中全局的正则项使得模型聚合之后不容易出现过拟合，在测试集上往往有更好的表现。

10.2.4　弹性平均 SGD 算法

前面介绍的几种算法，无论本地模型用什么方法更新，都会在某个时刻聚合出一个全局模型，并且用其替代本地模型。但是这种处理方法对于像深度学习这种有很多个局部极小点的优化问题而言，是不是最合适的选择？答案是不确定的。由于各个工作节点所使用的训练数据不同，本地训练的流程有所差别，各个工作节点实际上是在不同的搜索空间里寻找局部最优点，并且由于探索的方向不同，得到的模型有可能是大相径庭的。简单的中心化聚合可能会抹杀各个工作节点的自身探索的有益信息。

为了解决以上问题，研究人员提出了一种非完全一致的分布式机器学习算法，称为弹性平均 SGD（EASGD）[5]。该方法的出发点和 ADMM 类似，但是并不强求各个工作节点继承全局模型 z。如果我们定义 w^k 为第 k 个工作节点上的模型，$\bar{w}$ 为全局模型，则可以将分布式优化描述成如下式子

$$\min_{w_1, \cdots, w_K} \sum_{k=1}^{K} \hat{l}^k(w^k) + \frac{\rho}{2}\|w^k - \bar{w}\|^2$$

换言之，分布式的优化有两个目标：一是使得各个工作点本身的损失函数得到最小化，二是希望各个工作节点上的本地模型和全局模型之间的差距比较小。按照这个优化目标，如果分别对 w^k、$\bar{w}$ 求导，就可以得到算法 10.4 中的更新公式。

算法 10.4：弹性平均 SGD 算法流程

//工作节点 k

Initialize：全局参数 w_t，本地参数 w_t，局部工作节点数 K，迭代次数 T，学习率 η_t，约束系数 α

for $t = 0$，1，$\cdots$，$T-1$ do

　　从训练集 S 中随机抽取或者在线获取样本（或小批量）$i_t^k \in [n]$

　　计算这个样本上的随机梯度 $\nabla f_{i_t^k}(w_t)$

　　完成本地模型的更新，更新时考虑最新的梯度和当前模型与全局模型的差异

$$w_{t+1}^k = w_t^k - \eta_t \nabla f_{i_t^k}(w_t^k) - \alpha(w_t^k - w_t)$$

　　同步通信得到所有工作节点上的局部参数之和 $\sum_{k=1}^{K} w_t^k$

　　更新全局参数 $w_{t+1} = (1 - \beta) w_t + \beta\left(\dfrac{1}{K}\sum_{k=1}^{K} w_t^k\right)$

end for

如果我们将 EASGD 与 SSGD 或 MA 进行对比，可以看出 EASGD 在本地模型和服务器模型更新时都同时兼顾全局一致性和本地模型的独立性。具体是指：

（1）当对本地模型进行更新时，在按照本地数据计算梯度的同时，也力求用全局模型来约束本地模型不要偏离程度太大。

（2）在对全局模型进行更新时，不是直接把各个本地模型的平均值作为下一轮的全局模型，而是部分保留了历史上全局模型的参数信息。

这种弹性更新的方法，既可以保持工作节点各自的探索方向，同时也不会让它们彼此相差太远。实验表明，EASGD 在精度和稳定性方面都有较好的表现。

10.2.5　讨论

本节介绍了分布式机器学习中几种常用的同步算法。SSGD 有着与单机算法类似的理论性质，但是在实践中多少有些限制，比如小批量不能太大，要注意通信和计算的比例平衡等。MA 允许工作节点在本地进行更多轮迭代，因而更加高效。但是 MA 通常会带来精度损失，实践中需要仔细调整参数设置，或者通过增加数据块粒度的冲量获取更好的效果。ADMM 算法用全局一致性优化来决定模型的聚合，在本地更新时也引入一些约束条件，通常会带来测试精度的增益。EASGD 方法则不强求全局模型的一致性，而是为每个工作节点保持了独立的探索能力。

以上这些算法的共性是：所有的工作节点会以一定的频率进行全局同步。当工作节点的计算性能存在差异，或者某些工作节点无法正常工作（如死机）的时候，分布式系统的整体运行效率不高，甚至无法完成训练任务。为了克服同步算法的这个问题，人们提出了异步的并行算法，我们将在下节中进行详细介绍。

10.3　异步算法

在异步的通信模式下，各个工作节点不再需要互相等待，而是以一个或多个全局服务器作为中介，实现对全局模型的更新和读取。这样可以显著减少通信时间，从而获得更好的多机扩展性。本节我们将会介绍几种典型的异步学习算法，并讨论它们各自的优缺点和适用场景。

10.3.1　异步 SGD

异步 SGD（ASGD）[6] 是最基础的异步算法，其流程如算法 10.5 所示。粗略地讲，ASGD 的参数梯度计算发生在工作节点，而模型的更新则发生在参数服务器端。当参数服务器接收到来自某个工作节点的参数梯度时，就直接将其加到全局模型上，而无须等待其他工作节点的梯度信息。

算法 10.5：ASGD 算法流程

//工作节点 k

Initialize：全局参数 w，工作节点的局部模型，局部工作节点数 K，当前工作节点编号 k，全局迭代数 T，迭代的步长（或学习率）η_t

for $t = 1, 2, \cdots, T$ do

 从参数服务器获取当前模型 w_t^k

 从训练集 S 中随机抽取或者在线获取样本（或小批量）$i_t^k \in [n]$

 计算这个样本（或小批量）上的随机梯度 $g_t^k = \nabla f_{i_t^k}(w_t)$

 将 g_t^k 发送到参数服务器

end for

参数服务器

Repeat

 Repeat

  等待

 Until 收到新消息

 if 收到更新梯度信息 g_t^k do

  更新服务器端的模型 $w = w - \eta g_t^k$

 end if

 if 收到参数获取请求 do

  发送最新的参数 w 给对应的工作节点

 end if

Until 终止

  ASGD 避免了同步开销的问题，但会给模型更新增加一些延迟。为了给大家一个直观的印象，我们把 ASGD 的工作流程用图 10.1 展示。用 *worker* (k) 来代表第 k 个工作节点，用 w_t 来代表第 t 轮迭代时服务器端的全局模型。按照时间顺序，首先 *worker* (k) 从参数服务器端取回全局模型 w_t，根据本地数据求出模型的梯度 $g(w_t)$，并将其发往参数服务器。一段时间以后，*worker* (k') 也从参数服务器端取回当时的全局模型 w_{t+1}，并同样依据它的本地数据求出模型的梯度 $g(w_{t+1})$。请注意，在 *worker* (k') 取回参数并进行梯度

计算的过程中，其他的工作节点［如 $worker（k）$ ］可能已经将它的梯度提交给服务器并对全局模型进行了更新。所以当 $worker（k'）$ 将其梯度 $g（w_{t+1}）$ 发送给参数服务器时，全局模型已经不再是 w_{t+1}，而是被更新过的新版本。

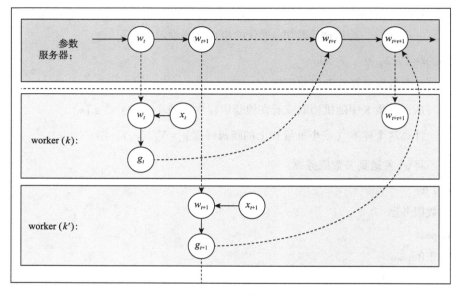

图 10.1　ASGD 的工作流程

换言之，工作节点在计算梯度时是针对当时的全局模型进行的，但是当这个梯度发送到参数服务器时，服务器端的模型已经被修改了，因此会出现梯度和模型失配的问题：我们用了一个比较旧的参数计算了梯度，而将这个"延迟"的梯度更新到最新的模型参数上。假设延迟为 τ，则 ASGD 的模型更新规则如下

$$w_{t+\tau+1}=w_{t+\tau}-\eta g（w_t）$$

这个过程与单机版的随机梯度下降法是存在差别的。对比单机随机梯度下降法的参数更新规则，如下所示，模型和梯度总是匹配的

$$w_{t+\tau+1}=w_{t+\tau}-\eta g（w_{t+\tau}）$$

可以发现，延迟使得 ASGD 与 SGD 之间在参数更新规则上存在偏差，可能导致模型在某些特定的更新点上出现严重抖动，甚至优化过程出错，无法收敛。为了解决延迟带来的问题，研究人员做了很多尝试。在后续的讨论中我们会加以介绍。

10.3.2　Hogwild!算法

异步并行算法既可以在多机集群上开展，也可以在多核系统下通过多线程开展。当我们把 ASGD 算法应用到多线程环境中时，因为不再有参数服务器这一角色，所以算法的细节会发生些许变化。特别是，因为全局模型存储在共享内存中，所以当异步的模型更新发生时，我们需要讨论是否将内存加锁，以保证模型写入的一致性。

Hogwild! 算法为了提高训练过程中的数据吞吐量，选择了无锁的全局模型访问，其工作逻辑如算法 10.6 所示。

算法 10.6：Hogwild! 中工作线程的算法流程

Initialize：全局参数 w，迭代的步长（或学习率）η_t

Repeat

   获取一组训练样本 $i_t^k \in [n]$，用 e 表示与这组样本相关的参数的下标集合

   根据这组样本，完成参数的梯度计算并得到一组需要更新的参数的梯度

$$g_j(w) = \nabla_j f_{i_t^k}(w_t)，j \in e$$

   对于 $j \in e$，使用梯度进行更新

$$w_j = w_j - \eta_t g_j(w)$$

Until 终止

当采用不带锁的多线程的写入（在更新 w_j 的时候，不用先获取对 w_j 的写权限，而直接对其进行更新）时，极有可能出现某个线程将其他线程刚刚写入的信息覆盖的情况。直观的感觉是这应该会对学习过程产生负面影响。不过，当我们对模型访问的稀疏性（sparsity）做一定的限定后，这种访问冲突实际上是非常有限的。这正是 Hogwild! 算法存在收敛性的理论依据。

假设我们要最小化的损失函数为 $l: \mathcal{W} \rightarrow R$，对于特定的训练样本集合，损失函数 l 是由一系列稀疏子函数组合而成的

$$l(w) = \sum_{e \in E} f_e(w_e)$$

也就是说，实际的学习过程中，每个训练样本涉及的参数组合 e 只是全体参数集合中的一个很小的子集。我们可以用一个超图 $G = (V, E)$ 来表述这个学习过程中参数和参数之间的关系，其中节点 v 表示参数，而超边 e 表示训练样本涉及的参数组合。那么，稀疏性可以用下面几个统计量加以表示

$$\Omega := \max_{e \in E} |e|$$

$$\Delta := \frac{\max_{1 \leq v \leq n} |\{e \in E: v \in e\}|}{|E|}$$

$$\rho := \frac{\max\limits_{e \in E} |\{\dot{e} \in E : \dot{e} \cap e \neq \varnothing\}|}{|E|}$$

其中，Ω 表达了最大超边的大小，也就是单个样本最多涉及的参数个数；Δ 反映的是一个参数最多被多少个不同样本涉及；而 ρ 则反映了给定任意一个超边，与其共享参数的超边个数。这三个量的取值越小，则优化问题越稀疏。在 Ω、Δ、ρ 都比较小的条件下，Hogwild！算法可以获得线性的加速性能。更准确地讲，Hogwild！算法的收敛性保证还需要假设损失函数是凸函数，并且是 Lipschitz 连续的，详细的理论证明和定量关系请参见参考文献［7］。

10.3.3　带延迟处理的异步算法

上文提及异步算法会受到延迟问题的困扰，尤其是在多机并行、数据稠密的情况下更是如此。近年来，研究人员针对这个问题开展了很多研究工作，本小节将对其中一些有代表性的工作加以介绍。

1. AdaDelay 算法

为了处理延迟问题，一种直观的做法是对有延迟的梯度进行一定程度的惩罚：因为这些梯度有延迟（因而与当前的全局模型失配），所以我们有必要降低对它们的信任度。

依照这个思路，AdaDelay 算法[8] 将模型更新的学习率（步长）与延迟联系起来。

特别是，假设时刻 t 模型的延迟是 τ_t，那么步长 $\alpha(t, \tau_t)$ 的计算方法为

$$\alpha(t, \tau_t) = (L + \eta(t, \tau_t))^{-1}, \quad \eta(t, \tau_t) = c\sqrt{t + \tau_t}$$

其中，c 用来调节延迟方差和梯度均值对步长的影响。

可以看到，当 c 为常数并且延迟为 0 时，AdaDelay 的步长计算方法就会退化为 SGD 中常用的步长下降策略。实际中，AdaDelay 采用动态的 c，并且对每个参数维度分别计算步长位移 η，其计算公式如下

$$\eta_j(t, \tau_t) = c_j\sqrt{t + \tau_t}$$

$$c_j = \sqrt{\frac{1}{t}\sum_{s=1}^{t}\frac{i}{s + \tau_s}g_j^2(s - \tau_s)}$$

其中，c_j 是历史梯度的加权平均。

事实上，在提出 AdaDelay 算法之前，人们还提出了一些类似的异步并行方案[9]，它们同样采用了调节步长的策略，只是具体公式与 AdaDelay 有所差别。它们都采用了 $\alpha(t, \tau_t) = (L + \eta(t, \tau_t))^{-1}$ 的形式，但 $\eta(t, \tau_t)$ 的计算方式不同[9]。表 10.1 对这些方法做了总结。

表 10.1   不同步长调节方法中 $\eta_j(t, \tau_t)$ 的计算方式

AdaDelay	$\sqrt{\dfrac{1}{t}\displaystyle\sum_{s=1}^{t}\dfrac{s}{s+\tau_s}g_j^2(s-\tau_s)}\ \sqrt{t+\tau_s}$
AsyncAdaGrad	$\sqrt{\displaystyle\sum_{s=1}^{t}g_j^2(s,\tau_s)}$
AdaptiveRevision	$\sqrt{\displaystyle\sum_{s=1}^{t}g_j^2(s,\tau_s)+2g_j(t,\tau_t)\displaystyle\sum_{s=t-1}^{t}g_j^2(s,\tau_s)}$

2. 带有延迟补偿的 ASGD 算法 DC-ASGD

AdaDelay 的基本思想是惩罚带延迟的梯度（延迟越大，则学习率越低）。这种做法的问题是并未充分利用分布式学习过程中求得的每一个梯度（某些梯度的作用被弱化了）。那么，有没有一种方法可以充分利用每一个梯度呢？带有延迟补偿的 ASGD（DC-ASGD）算法[10] 为此提供了一个有益的思路。

为了更好地说明 DC-ASGD 的原理，我们再次考察 SGD 和 ASGD 的更新公式

$$\text{SGD}: w_{t+\tau+1}=w_{t+\tau}-\eta g\ (w_{t+\tau})$$

$$\text{ASGD}: w_{t+\tau+1}=w_{t+\tau}-\eta g\ (w_t)$$

其中，$g\ (w_t)$ 与 $g\ (w_{t+\tau})$ 之间的差别是由延迟带来的。充分利用延迟梯度的一种方法是设法从中恢复出真实梯度，也就是使用延迟梯度 $g\ (w_t)$ 去尽可能地近似 $g\ (w_{t+\tau})$。为此，我们对 $g\ (w_{t+\tau})$ 在 w_t 点进行泰勒展开

$$g(w_{t+\tau})=g(w_t)+(\nabla g(w_t))^{\mathrm{T}}(w_{t+\tau}-w_t)+O((w_{t+\tau}-w_t)^2)I$$

对比 ASGD 的更新公式，可以发现 ASGD 实际上使用了 $g(w_{t+\tau})$ 泰勒展开中的 0 阶项作为 $g(w_{t+\tau})$ 的近似，而完全忽略了其余高阶项 $(\nabla g(w_t))^{\mathrm{T}}(w_{t+\tau}-w_t)+O((w_{t+\tau}-w_t)^2)I$，这就是延迟梯度导致问题的根本原因。

了解这一点，一个自然的解决方案是利用泰勒展开式中的高阶项来获得对真实梯度更好的近似。然而这种做法在实际中是有困难的，因为高阶项的计算代价很高。即使是最简单的延迟补偿——仅额外保留泰勒展开式中的一阶项，即

$$g(w_{t+\tau})=g(w_t)+(\nabla g(w_t))^{\mathrm{T}}(w_{t+\tau}-w_t)$$

也是相当困难的，因为一阶项中包含了梯度 g 的导数，也就是损失函数的海森矩阵 $H(w_t)$。对于一个典型的深度学习模型而言，几百万维参数是极为常见的，相应的海森矩阵将会包含数万亿个元素。很明显，海森矩阵的计算需要花费巨大的计算量和存储空间，在实践中会得不偿失。DC-ASGD 算法巧妙地使用了一种对海森矩阵的近似，避免了上述计

算和存储的困难。下面我们就详细地介绍一下。

首先，用 $G(w_t)$ 表示梯度 $g(w_t)$ 的外积矩阵

$$G(w_t) = \left(\frac{\partial}{\partial w}l(w_t;\ x,\ y)\right)\left(\frac{\partial}{\partial w}l(w_t;\ x,\ y)\right)^{\mathrm{T}}$$

由于交叉熵函数是 softmax 分布的负对数似然函数，根据费舍尔信息矩阵（Fisher Matrix）的两种等价计算方式，我们可以得出外积矩阵 $G(w_t)$ 是海森矩阵的一个渐近的无偏估计

$$\varepsilon_t \triangleq E_{(y|x,w^*)}\|G(w_t) - H(w_t)\| \to 0,\ t \to \infty$$

当然，好的近似不仅仅要求无偏，还需要有较小的方差。为了进一步降低 $G(w_t)$ 近似的方差，我们采用 $G(w_t)$ 与 $H(w_t)$ 的均方误差（MSE）作为衡量标准

$$mse^t(G) = E_{(y|x,w^*)}\|G(w_t) - H(w_t)\|^2$$

通过一定的数学推导，可以得出如果使用 $\lambda G(w_t) \triangleq [\lambda g_{ij}^t]$ 来近似 $H(w_t)$，并恰当地选择 λ，可以取得 $G(w_t)$ 更小的估计均方误差。为了进一步节约 $\lambda G(w_t)$ 的存储与运算时间，实践中还可以采用对角化技术，只存储和计算 $\lambda G(w_t)$ 的对角线元素 $Diag\ (\lambda G(w_t)k)$，作为 $H(w_t)$ 的近似。有了上述高效的近似，我们可以得到 DC-ASGD 的最终算法，参见算法 10.7。

算法 10.7：DC-ASGD 算法流程

工作节点 k 的算法流程

Initialize：全局参数 w，工作节点的局部模型，局部工作节点数 K，当前工作节点编号 k，全局迭代数 T，迭代的步长（或学习率）η_t

for $t = 1,\ 2,\ \cdots,\ T$ do

    从参数服务器获取当前模型 w_t^k

    从训练集 S 中随机抽取或者在线获取样本（或小批量）$i_t^k \in [n]$

    计算这个样本（或小批量）上的随机梯度 $g_t^k = \nabla f_{i_t^k}(w_t)$

    将 g_t^k 发送到参数服务器

end for

参数服务器端的算法流程

Initialize：参数服务器中存储的全局参数 w，每个工作节点最近取走的参数的备份 w^{bak_k}，$k = 1,\ 2,\ \cdots,\ k$

续表

算法 10.7：DC-ASGD 算法流程

Repeat

    Repeat

        等待

    Until 收到新消息

    if 收到更新梯度信息 g_t^k do

        更新服务器端的模型 $w = w - \eta_t \ (g_t^k + \lambda_t g_t^k \odot g_t^k \odot (w - w^{bak_k}))$

    end if

    if 收到参数获取请求 do

        发送最新的参数 w 给对应的工作节点

        更新 k 在服务器端的备份模型 $w^{bak_k} = w$

    end if

Until 终止

本节主要介绍了异步分布式机器学习算法，从某种意义上讲，异步算法将整个分布式机器学习系统从全局同步的桎梏中解放出来，允许度比较快的工作节点更好地发挥自己的效能。但异步并行是一把双刃剑：一方面，它可以带来更高的吞吐率；另一方面，它也带来了延迟更新的问题，使得整体优化过程的收敛速率受到一定影响。不过，实践表明，如果可以在算法层面对于延迟进行合理的处理，速度的优势将会成为主导因素。因此，异步并行算法在大规模的分布式环境中大有用武之地。

10.4　同步和异步的融合

同步和异步算法有各自的优缺点和适用场景。如果把它们结合起来应用，取长补短，或许可以更好地达到收敛速率与收敛精度的平衡。例如，对于机器数目很多、本地工作节点负载不均衡的集群，可以考虑按照工作节点的运算速度和网络连接情况进行聚类分组，将性能相近的节点分为一组。由于组内的工作节点性能相近，可以采用同步并行的方式进行训练；而由于各组间运算速度差异大，更适合采用异步并行的方式进行训练。这种混合并行方式既不会让运行速度慢的本地工作节点过度拖慢全局训练速度，也不会引入过大的异步延迟从而影响收敛精度。图 10.2 展示了一个有分组的并行机器学习系统。

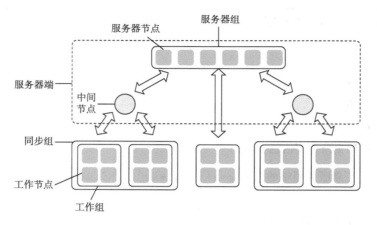

图 10.2　有分组的并行机器学习系统

混合并行算法的核心挑战是如何找到一种合理的工作节点分组方式。对于分组方式的简单暴力搜索是不可行的，因为组合数非常大。比如对于 16 个工作节点组成的集群，不同的分组情况有 10480142147 种。一种比较实用的方法是对工作节点按照某种指标进行聚类，再按照聚类结果，采用组内同步、组间异步的方式来规划分布式机器学习系统的运行逻辑。不过，当采取不同的指标时，聚类的结果会有很大差别。为了取得更好的聚类效果，我们可以利用另外一个机器学习模型来学习最优的聚类，也就是采取所谓元学习（meta learning 或 learning to learn）的思路。

图 10.3 给出了一个可行的元学习系统流程：首先针对工作节点和运行的学习任务提取一系列的特征。工作节点的特征可以包括 CPU/GPU 的计算性能、内存、硬盘的信息，以及工作节点两两之间的网络连接情况等；学习任务的特征可以包括数据的维度、模型的大小和结构等，我们可以首先利用工作节点的特征，采用层次聚类的方法得到若干候选分组。然后用这些候选分组在抽样的数据集上进行试训练，得到分布式训练的速度（比如到达特定的精度所需要的时间）。而后针对这些分组和学习任务的特征，训练一个预测优化速度的神经网络模型。之后利用这个模型对未知的候选分组进行打分，最终找到这个任务上最好的分组。

我们针对以上元学习的思路，在 CIFAR-100 数据集上进行了一些初步的实验研究。具体而言，我们采用递归神经网络来对学习效果进行预测。如图 10.4 所示，我们用各工作节点按照层次化聚类得到的分组结果来定义递归神经网络的结构，分组内的权重称为同步权重，组间的权重称为异步权重。同时，工作节点的特征、训练数据集、训练模型的特征也被输入递归神经网络中，并在最高层通过任务权重进行复合。

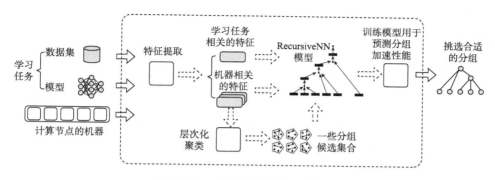

图 10.3　一个可行的元学习系统流程

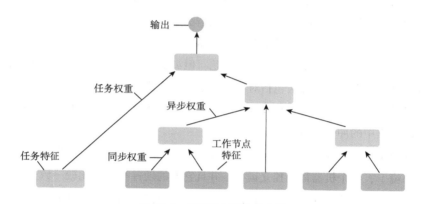

图 10.4　递归神经网络示意图

实验中，我们使用了 16 个工作节点组成的集群。随机选出 4 个工作节点，将其负载变高，运算速度变慢，以模拟性能不均衡的集群环境。此时混合并行算法展现出了比纯同步或异步都更好的效果（见图 10.5）。

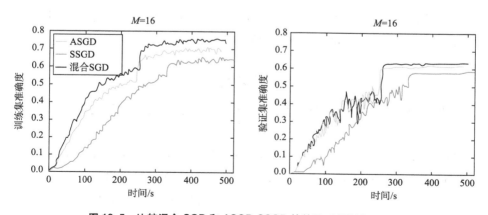

图 10.5　比较混合 SGD 和 ASGD SSGD 的效果（CIFAR-100）

客观地讲，有关混合并行的研究还处于初步阶段，仍有很大的发展空间。我们鼓励读者进行更加深入的研究，通过大家的共同努力，使得超大规模异构集群上的分布式机器学习方法得到长足的发展。

10.5　总结

在本章中，我们详细介绍了常用的分布式机器学习算法。具体来说，我们主要将分布式机器学习算法分为同步算法和异步算法两类，讨论了每个算法的细节以及它们的优缺点。

同步算法的学习流程比较可控，但需要考虑如何有效缩小同步带来的通信代价（包括传输和等待）。现行的方法主要通过参数调节提高效率，比如合理设置小批量的大小、学习率（步长）的大小，以及在同步时加入冲量等。

异步方法在运行过程中不存在等待的问题，但需要考虑异步并行带来的延迟，以保证训练精度。处理延迟问题的方法包括对延迟更新进行惩罚、使用延迟补偿对延迟更新进行纠正等。另外，理论分析表明，异步带来的影响也可以解释为一种模型冲量，因而可以通过调整训练过程中的冲量系数加以缓解。

同步和异步的方法各有利弊，并且很大程度上受到硬件资源情况的影响。比如，通常的实验室环境下，各个机器都是独立运行，并且它们的硬件配置也比较一致，因此不存在哪个工作节点明显拖后腿的问题，这种情况下可以考虑同步的方法，既简单又有效。但如果在一个大规模的数据中心里，情况就有所不同了。机器之间的硬件配置和网络连接都可能有所不同，甚至会使用虚拟化的技术实现计算和存储资源共享。这时候，很可能不同机器的工作压力不同，有的机器快，有的机器慢，同步并行的效率就会低下；反之，异步方法往往更加行之有效。在更加复杂的情形下，可能需要考虑同步方法和异步方法的混合，让系统中工作速度比较接近的节点以同步的方式工作，而工作速度差别比较大的节点采用异步方式工作，从而在效率和精度之间达到平衡。

参考文献

［1］　刘铁岩,陈薇,王太峰,等. 分布式机器学习算法:理论与实践［M］.北京:机械工业出版社,2018.

［2］　Zinkevich M, Weimer M, Li L, et al. Parallelized Stochastic Gradient Descent［C］// Advances in Neural Information Processing Systems,2010:2595-2603.

［3］　McDonald R, Hall K, Mann G. Distributed Training Strategies for the Structured Perceptron［C］// Human Language Technologies:The 2010 Annual Conference of the North American

Chapter of the Association for Computational Linguistics. Association for Computational Linguistics,2010:456-464.

[4] Boyd,Stephen,Neal Parikh,Eric Chu,Borja Peleato,Jonathan Eckstein. Distributed Optimization and Statistical Learning via the Alternating Deriction Method of Multipliers[J]. Foundations and Trend © in Machine Learning 3,2011,1:1-122.

[5] Zhang S,Choromanska A E,LeCun Y. Deep Learning with Elastic Averaging SGD[C]// Advances in Neural Information Professing Systems,2015:685-693.

[6] Agarwal A,Duchi J C. Distributed Delayed Stochastic Optimization[C]// Advances in Neural Information Professing Systems,2011:873-881.

[7] Recht B,Re C,Wright S,et al. Hogwild:A Lock-free Approach to Parallelizing Stochastic Gradient Descent[C]// Advances in Neural Information Professing Systems,2011:693-701.

[8] Sra S,Yu A W,Li M,et al. Adadelay:Delay Adaptive Distributed Stochastic Convex Optimization [J]. arXiv preprint arXiv:1508. 05003,2015.

[9] McMahan B,Streeter M. Delay-tolerant Algorithms for Asynchronous Distributed Online Learning[C]// Advances in Neural Information Professing Systems,2014:2915-2923.

[10] Zheng S, Meng Q, Wang T, et al. Asychronous Stochastic Gradient Descent with Delay Compensation for Distributed Deep Learning[J]. arXiv preprint arXiv:1609. 08326,2016.

第11章 ADMM算法的实现

本章将以正则化的全局一致性问题为例，介绍 ADMM 在分布式计算环境中的实现方式。首先，我们会描述抽象的实现，然后展示如何将其映射到各种软件框架中。

11.1 抽象实现

正则化的全局一致性问题如下：

$$\text{minimize} \sum_{i=1}^{N} f_i(x_i) + g(z)$$

$$\text{subject to } x_i - z = 0$$

其中 f_i 是第 i 个目标函数，g 是全局正则化函数。其 ADMM 算法流程见（6.7-6.9），缩放形式见（6.10-6.12）。

我们将 x_i 和 u_i 称为存储在子系统 i 中的局部变量，而将 z 称为全局变量。对于分布式实现，将本地计算分组（x_i-和 u_i-更新）通常更为自然，因此我们将 ADMM 写成

$$u_i := u_i + x_i - z$$

$$x_i := \arg\min \left(f_i(x_i) + (\rho/2) \| x_i - z + u_i \|_2^2 \right)$$

$$z := prox_{g,N_p}(\bar{x} + \bar{u})$$

这里省略了迭代索引，因为在实际中，我们可以简单地覆盖这些变量以前的值。

这表明实现 ADMM 所需的主要特性如下：

（1）可变状态。每个子系统 i 必须存储 x_i 和 u_i 的当前值。

（2）本地计算。每个子系统必须能够解决一个小的凸问题，"小"意味着该问题可以通过串行算法解决。此外，每个本地进程必须对指定 f_i 所需的任何数据具有本地访问权。

（3）全球聚合。必须有一种平均本地变量并将结果传回每个子系统的机制，可以显式地使用中央收集器，也可以通过其他方法，如分布式平均[1,2]。如果计算 z 涉及一个近端步骤（如果 g 是非零的），这可以集中执行或在每个本地节点执行；后者在某些框架中更容易实现。

（4）同步。在执行全局聚合之前，必须更新所有局部变量，并且局部更新必须全部使用最新的全局变量。实现这种同步的一种方法是通过一个屏障，一个系统检查点，所有子系统都必须在这个检查点上停止，并等待所有其他子系统到达它。

当实际实现 ADMM 时，它有助于考虑是采用执行本地处理并与中央收集器通信的子系统的"本地视角"，还是采用协调一组子系统工作的中央收集器的"全局视角"。哪个更自然取决于所使用的软件框架。

从局部的角度来看，每个节点接收 z，更新 x_i，u_i，将它们发送到中央收集器，等待，然后接收更新的 z。从全球的角度来看，中央收集器广播 z 的子系统，等待它们完成本地处理，收集所有 x_i 和 u_i，并更新 z。（当然，如果 ρ 在迭代中变化，那么 ρ 也必须被更新，并在 z 更新时广播。）节点还必须评估停止标准并决定何时终止，请看下面的例子。

在一般形式的共识情况下（我们不在这里讨论），分散实现是可能的，它不需要 z 集中存储；共享一个变量的每一组子系统可以直接相互通信。在这种设置中，可以方便地将 ADMM 看作图上的消息传递算法，其中每个节点对应于一个子系统，而边对应于共享变量。

11.2 MPI

消息传递接口（Message Passing Interface，MPI）[3] 是用于并行算法的独立于语言的消息传递规范，是目前用于高性能并行计算的最广泛的模型。在各种分布式平台上有许多 MPI 的实现，而且 MPI 的接口可以从各种语言中获得，包括 C、C++和 Python。

在 MPI 中有多种实现共识 ADMM 的方法，最简单的是算法 11.1。这种伪代码使用单一程序、多数据（SPMD）编程风格，其中每个处理器或子系统运行相同的程序代码，但具有自己的一组局部变量，并可以读取数据的单独子集。我们假设有 N 个处理器，每个处

理器 i 存储局部变量 x_i 和 u_i，全局变量 z 的一个（冗余）副本，并且只处理客观组件 f_i 中隐含的局部数据。

在第 4 步中，Allreduce 表示使用 MPI Allreduce 操作计算向量 w 的内容在所有处理器上的全局和，并将结果存储在 w 中，用于每个处理器；这同样适用于标量 t。在步骤 4 之后，在所有处理器 $w = \sum_{i=1}^{n}(x_i + u_i) = N(\bar{x} + \bar{u})$，$t = \| r \|_2^2 = \sum_{i=1}^{n} \| r_i \|_2^2$。我们使用 Allreduce 是因为它的实现通常比简单地让每个子系统将结果直接发送到显式中央收集器更具可伸缩性。

接下来，在步骤 5 和步骤 6 中，所有处理器（冗余地）计算 $z-update$ 并执行终止测试。可以只在一个处理器上执行 $z-update$ 和终止测试，并将结果广播给其他处理器，但这样做会使代码复杂化，而且通常不会更快。

算法 11.1：MPI 中的全局一致性 ADMM

初始化 N 个进程，以及 x_i，u_i，r_i，z

重复

1. 更新 $u_i := u_i + x_i - z$

2. 更新 $x_i := \arg \min \left(f_i(x_i) + (\rho/2) \| x_i - z + u_i \|_2^2 \right)$

3. 设 $w = \sum_{i=1}^{n}(x_i + u_i)$，$t = \| r \|_2^2 = \sum_{i=1}^{n} \| r_i \|_2^2$

4. 全部还原 w 和 t

5. 让 $z^{prew} := z$ 和更新 $z := prox_{g,N_p}(\bar{x} + \bar{u})$

6. 如果退出 $\rho \sqrt{N} \| z - z^{prew} \|_2 \leq \varepsilon^{conv}$，$\sqrt{t} \leq \varepsilon^{feas}$

7. 更新 $r_i := x_i - zr$

11.3 图形计算框架

因为 ADMM 可以被解释为在图上执行消息传递，所以很自然地在图处理框架中实现它。从概念上讲，其实现类似于上面讨论的 MPI 案例，只不过中央收集器的角色通常由系统抽象地处理，而不是有一个显式的中央收集器进程。此外，高级图处理框架提供了许多内置服务，否则就必须手动实现这些服务，比如容错。

许多现代图形框架都是基于或受到 Valiant 用于并行计算的批量同步并行（BSP）模型

的启发[4]。BSP 计算机由一组联网的处理器组成，而 BSP 计算由一系列全局超步组成。每个超步包括三个阶段：并行计算，其中处理器并行执行局部计算；通信，处理器之间进行通信；barrier 同步，在 barrier 同步中，进程等待直到所有进程完成通信。

每个 ADMM 超步骤中的第一步包括执行本地 x_i 和 u_i 更新。通信步骤将新的 x_i 和 u_i 值广播到一个中央收集器节点，或全局广播到每个单独的处理器。然后使用 Barrier 同步来确保所有处理器在中央收集器平均和重广播结果之前已经更新了它们的原始变量。

直接基于 BSP 模型或受到 BSP 模型启发的特定框架包括 Parallel BGL[5]、GraphLab[6] 和 Pregel[7] 等。由于这三篇文章都遵循上面的一般大纲，我们请读者参阅相关论文以了解细节。

11. 4　MapReduce

MapReduce[8] 是一种流行的用于分布式批处理超大数据集的编程模型。它已被广泛应用于业界和学术界，其采用得到了开源项目 Hadoop、Amazon 提供的廉价云计算服务以及 Cloudera 提供的企业产品和服务的支持。MapReduce 库可以在许多语言中使用，包括 Java、C++和 Python 等，尽管 Java 是 Hadoop 的主要语言。虽然在 MapReduce 中表达 ADMM 很尴尬，但用于 MapReduce 计算的大量云基础设施可以使其在实践中使用起来很方便，特别是在处理大问题时。下面我们简要回顾 Hadoop 的一些关键特性，一般背景见参考文献 [9]。

MapReduce 计算由一组 Map 任务组成，这些任务并行处理输入数据的子集，然后是一个 Reduce 任务，它组合 Map 任务的结果。Map 和 Reduce 函数都由用户指定，并对键值对进行操作。Map 函数执行转换

$$(k,\ v)\ \rightarrow\ [\ (k'_1,\ v'_1),\ \cdots,\ (k'_m,\ v'_m)\ ]$$

也就是说，它接受一个键值对并发出一个中间键值对列表。然后引擎会收集所有的值 $v'_1,\ \cdots,\ v'$, 对应同一个输出键 k'（跨所有 mapper），并将它们传递给 Reduce 函数，由 Reduce 函数执行转换

$$(k',\ [v'_1,\ \cdots,\ v'_r]\ )\ \rightarrow\ [k'',\ R\ (v'_1,\ \cdots,\ v'_r)\ ]$$

其中，R 是一个交换和结合律函数。例如，R 可以简单地和 v'_i 在 Hadoop 中，Reducers 可以发出键值对列表，而不是单个键值对。

ADMM 的每次迭代都可以很容易地表示为 MapReduce 任务：并行本地计算由 Map 执行，全局聚合由 Reduce 执行。我们将描述一个简单的全球共识实现，并在下面的细节进行讨论。这里，我们有减速器计算 $\dot{z} = \sum_{i=1}^{N}(x_i + u_i)$ 而不是 z 或属于 $\bar{z}$，因为求和是相关联的，而平均不是。我们假设 N 是已知的（或者 Reducer 可以计算和 $\sum_{i=1}^{N}1$）。我们有 N

个 Mapper，每个子系统一个，每个 Mapper 都使用上次迭代中的 $\hat{z}$ 更新 u_i 和 x_i。每个 Mapper 都独立执行计算 z 的近端步骤，但这通常是像软阈值一样的廉价操作。它发出一个中间键值对，其本质上发挥了向中央收集器发送消息的作用。有一个 Reducer，扮演中央收集器的角色，它的传入值是来自 mapers 的消息。然后，Reducer 将更新后的记录直接写入 HBase，如果算法没有收敛，包装程序将重新启动一个新的 MapReduce 迭代。包装器会检查是否 $\rho\sqrt{N} \parallel z-z^{prev} \parallel_2 \leq \varepsilon^{conv}$，$(\sum_{i=1}^{N} \parallel x_i - z \parallel_2^2)^{1/2} \leq \varepsilon^{feas}$ 为确定收敛性，如 MPI 情况（包装器检查终止条件而不是 Reducer，因为它们与检查没有关联）。

算法 11.2：Hadoop/ MapReduce 中全局一致性 ADMM 的迭代

函数映射（key i，dataset D_i）

1. 从 HBase 表读取 $(x_i, u_i, \hat{z})$

2. 计算 $z := prox_{g, N_\rho} [(1/N) \hat{z}]$

3. 更新 $u_i := u_i + x_i - z$

4. 更新 $x_i := \mathrm{argmin} [f_i(x_i) + (\rho/2) \parallel x_i - z + u_i \parallel_2^2]$

5. 输出［键中值，记录 (x_i, u_i)］

函数减少［键中值，记录 $(x_1, u_1), \cdots, (x_N, u_N)$］

1. 更新 $\hat{z} = \sum_{i=1}^{N} (x_i + u_i)$

2. 输出［j 键，记录 $(x_j, u_j, \hat{z})$］到 HBase，$j=1, \cdots, N$

主要的挑战在于 MapReduce 任务并不适用于迭代处理，并且在迭代过程中，Mapper 无法保持状态。因此，在 MapReduce 中实现像 ADMM 这样的迭代算法需要对底层基础设施有一定的了解。Hadoop 包含了许多支持大规模和容错性的分布式计算应用程序组件。其中一些组件包括基于 Google 的 GFS[10] 的分布式文件系统 HDFS，以及基于 Google 的 BigTable[11] 的分布式数据库 HBase。

HDFS 是一个分布式文件系统，这意味着它管理跨整个机器集群的数据存储。它是为需要高速流读访问的典型文件大小可能是千兆字节或兆兆字节的情况设计的。HDFS 的基本存储单位是块，典型配置为 64～128MB。存储在 HDFS 上的文件由块组成；每个块存储在特定的机器上（尽管为了冗余，每个块在多台机器上都有副本），但是同一个文件中的不同块不需要存储在同一台机器上，甚至不需要存储在附近。因此，任何处理存储在 HDFS 上的数据的任务（例如，本地数据集 D_i）每次应该处理一个数据块，因为一个块被保证完全驻留在一台机器上；否则，可能会造成不必要的数据网络传输。

HDFS 是一种分布式文件系统，用于管理整个机器集群上的数据存储。它的设计目标是处理具有高速流式读取访问需求的文件，这些文件的大小可以达到千兆字节或兆兆字节级别。HDFS 将数据划分为块，典型配置大小为 64～128MB。在 HDFS 上存储的文件由多个块组成，每个块存储在特定的机器上（尽管每个块都有多个副本以实现冗余性）。然而，同一个文件的不同块不需要存储在同一台机器上，甚至不需要存储在彼此相邻的机器上。因此，对于处理存储在 HDFS 上的数据的任务（例如，本地数据集 D_i），每次应该处理一个数据块，因为一个数据块被保证完全驻留在一台机器上。否则，可能会产生不必要的数据网络传输。

在通常情况下，每个 Map 任务的输入数据都存储在 HDFS 上。Mapper 无法直接访问本地磁盘，也不能进行有状态的计算。调度器会尽可能地在靠近输入数据的节点上运行每个 Mapper，最好是在同一个节点上，以最小化数据的网络传输。为了保持数据的局部性，每个 Map 任务应围绕数据块的数据值进行分配。这与 MPI 的实现非常不同，因为在 MPI 中，每个进程可以被指示从其所在的任何机器上获取本地数据。

由于每个 Mapper 只处理单个数据块，因此通常会有多个 Mapper 同时在同一台机器上运行。为了减少通过网络传输的数据量，Hadoop 支持使用 Combiners（组合器）。Combiners 在本地减少每个节点上所有 Mapper 的结果。这意味着在最终的 Reduce 任务中，只需要跨机器传输一组中间键值对。换句话说，Reduce 步骤可以被看作一个分为两步的过程：首先，使用 Combiners 在每个节点上减少所有 Mapper 的结果，然后再减少每台机器上的记录。这就是为什么 Reduce 函数必须具备可交换性和可结合性。

为了在 Mapper 中读取局部变量并让 Reducer 存储更新后的变量以供下次迭代使用，我们可以利用 HBase 作为建立在 HDFS 之上的分布式数据库。类似于 BigTable，HBase 提供了快速的随机读写访问能力。它采用了分布式的多维排序映射结构，通过行键、列键和时间戳建立索引。在 HBase 中，每个单元格（cell）可以存储多个相同数据的版本，这些版本按时间戳进行索引。在我们的例子中，我们可以使用迭代计数作为时间戳，以便存储和访问之前迭代的数据。这种机制对于检查终止条件非常有用。HBase 按行键的字典顺序来维护数据，这意味着具有相邻键的行将存储在同一台机器上或附近。因此，在我们的示例中，我们可以将变量与子系统标识符结合在行键的开头存储，这样同一个子系统的信息就可以高效地存储在一起，并且能够进行高效的访问。通过使用 HBase 作为底层存储机制，我们能够在 MapReduce 框架中实现对局部变量的读取和更新后变量的存储，为迭代算法如 ADMM 提供了支持。有关更多详细信息，请参考参考文献 [9，11]。

上述讨论为了简洁起见省略了许多细节，并且在实际应用中可能需要更复杂的操作。

MapReduce 框架如 Hadoop 也支持更复杂的操作，尤其对于处理非常大规模的问题来说是必要的。

例如，在处理大量数据时，如果一个 Reducer 无法处理全部数据，可以采用类似 MPI 的方法，将 Mapper 分配到区域 Reducer 上处理，并使用额外的 MapReduce 步骤来聚集区域结果并得到全局结果。这可以通过使用一个 Identity Mapper 和 Reducer 实现。

具体而言，首先，将数据划分为多个区域，并为每个区域分配一个 Reducer。然后，将数据分发给相应的 Mapper 进行处理，每个 Mapper 只处理特定区域的数据。在 Mapper 阶段，执行需要的计算和操作，并生成区域级的结果。接下来，通过执行一个额外的 MapReduce 步骤，使用 Identity Mapper 和 Reducer 来聚集各个区域的结果。这样，区域级的结果将被合并为全局结果。在这个额外的步骤中，Identity Mapper 直接将区域级结果作为键值对输出，而 Identity Reducer 将相同键的值进行简单的合并。

通过这种方式，可以充分利用 MapReduce 框架的并行处理能力，将大规模问题分解为可处理的区域，并最终得到全局结果。这种方法类似于 MPI 的思想，通过将计算分布在不同的节点上并聚合结果解决大规模数据处理问题。

在本章中，简要介绍了在 MapReduce 框架中实现 ADMM 时涉及的一些问题。对于实现细节，可以参考参考文献 [8，9，12]。近年来，也出现了一些专门为迭代计算设计的替代 MapReduce 系统，这些系统可能更适合于 ADMM 的实现[13,14]，虽然这些系统的实现程度和可用性还有待提高。同时，关于机器学习和 MapReduce 框架优化的讨论，可以参考最近的一些论文，见参考文献 [15，16]。

这些工作的目标是提高机器学习和 MapReduce 框架的性能和效率，并提供更适合迭代计算的解决方案。这些研究的发展将进一步推动分布式机器学习和 ADMM 等算法在大规模数据集上的应用。通过不断改进和优化分布式计算框架，我们能够更好地支持复杂的迭代算法，为大规模数据处理和机器学习任务提供更高效的解决方案。

参考文献

[1] J. N. Tsitsiklis, Problems in Decentralized Decision Making and Computation. PhD thesis, Massachusetts Institute of Technology, 1984.

[2] L. Xiao and S. Boyd, "Fast Linear Iterations for Distributed Averaging," Systems & Control Letters, Vol. 53, No. 1, pp. 65-78, 2004.

[3] M. Forum, MPI: A Message-Passing Interface Standard, version 2.2. HighPerformance Computing Center: Stuttgart, 2009.

[4] L. G. Valiant, "A Bridging Model for Parallel Computation," Communications of the ACM,

Vol. 33, No. 8, p. 111, 1990.

[5] D. Gregor and A. Lumsdaine, "The Parallel BGL: A Generic Library for Distributed Graph Computations," Parallel Object-Oriented Scientific Computing, 2005.

[6] Y. Low, J. Gonzalez, A. Kyrola, D. Bickson, C. Guestrin, and J. M. Hellerstein, "GraphLab: A New Parallel Framework for Machine Learning," in Conference on Uncertainty in Artificial Intelligence, 2010.

[7] G. Malewicz, M. H. Austern, A. J. C. Bik, J. C. Dehnert, I. Horn, N. Leiser, and G. Czajkowski, "Pregel: A System for Large-scale Graph Processing," in Proceedings of the 2010 International Conference on Management of Data, pp. 135-146, 2010.

[8] J. Dean and S. Ghemawat, "MapReduce: Simplified Data Processing on Large Clusters," Communications of the ACM, Vol. 51, No. 1, pp. 107-113, 2008.

[9] T. White, Hadoop: The Definitive Guide. O'Reilly Press, second ed., 2010.

[10] S. Ghemawat, H. Gobioff, and S. T. Leung, "The Google File System," ACM SIGOPS Operating Systems Review, Vol. 37, No. 5, pp. 29-43, 2003.

[11] F. Chang, J. Dean, S. Ghemawat, W. C. Hsieh, D. A. Wallach, M. Burrows, T. Chandra, A. Fikes, and R. E. Gruber, "BigTable: A Distributed Storage System for Structured Data," ACM Transactions on Computer Systems, Vol. 26, No. 2, pp. 1-26, 2008.

[12] J. Lin and M. Schatz, "Design Patterns for Efficient Graph Algorithms in MapReduce," in Proceedings of the Eighth Workshop on Mining and Learning with Graphs, pp. 78-85, 2010.

[13] Y. Bu, B. Howe, M. Balazinska, and M. D. Ernst, "HaLoop: Efficient Iterative Data Processing on Large Clusters," Proceedings of the 36th International Conference on Very Large Databases, 2010.

[14] M. Zaharia, M. Chowdhury, M. J. Franklin, S. Shenker, and I. Stoica, "Spark: Cluster Computing with Working Sets," in Proceedings of the 2nd USENIX Conference on Hot Topics in Cloud Computing, 2010.

[15] C. T. Chu, S. K. Kim, Y. A. Lin, Y. Y. Yu, G. Bradski, A. Y. Ng, and K. Olukotun, "MapReduce for Machine Learning on Multicore," in Advances in Neural Information Processing Systems, 2007.

[16] K. B. Hall, S. Gilpin, and G. Mann, "MapReduce/BigTable for Distributed Optimization," in Neural Information Processing Systems: Workshop on Learning on Cores, Clusters, and Clouds, 2010.

第12章 模拟仿真

本章精选了几个实例来展示前文提到的相关算法的仿真结果。这些实例涵盖了矩阵分解、使用迭代求解器进行更新，以及使用一致和共享 ADMM 解决分布式问题。首先介绍了一个小型实例，涉及具有密集系数矩阵的 Lasso 问题。接着，讨论了一系列关于使用一致性 ADMM 算法解决正则化逻辑回归问题的可行性的实验。在这些实验中，特别关注了一致性 ADMM 算法的实施细节，而不仅仅是分布式解决方案本身。

随后，转向了一个使用 C 语言编写的基于 MPI 的求解器的实例，用于实现大规模分布式系统。介绍了托管在 Amazon EC2 集群上的环境中解决大型 Lasso 问题的结果，令人惊讶的是，仅使用了相对简单的操作，就能够在几分钟内解决包含 30GB 数据的 Lasso 问题。

最后一个实例涉及回归变量选择，这是一个非凸问题。通过比较使用非凸 ADMM 和 Lasso 正则化路径得到的稀疏度权衡曲线，展示了不同方法的效果。除了大规模 Lasso 问题，所有示例都在 Matlab 环境中实现，并在 3.2GHz 的 Intel Core i3 处理器上运行。大规模 Lasso 问题的实例利用 MPI 实现了进程间通信，并利用 GNU 科学库实现了高效的线性代数运算。

这些实例的源代码和数据可以在 www. stanford. edu/ ~ boyd/ papers/admm_ distr_ stats. html 上找到。这些实例为我们提供了对于 ADMM 算法在不同问题上应用和性能评估的有价值的参考。它们展示了 ADMM 在实际应用中的灵活性和可行性，并为进一步探索分布式机器学习和 ADMM 等算法在大规模数据集上的应用提供了启示。

12.1　小密度 lasso

考虑 lasso 问题（5.2）的一个小密度实例，其中特征矩阵 A 有 $m = 1500$ 个样本和 n = 5000 个特征。

我们生成的数据如下。首先选择 $A_{ij} \in N$（0，1）。然后将列规范化为具有单位 L2 范数。一个"真实的"价值 $x^{true} \in R^n$ 是：已生成的具有 100 非零的进入，每个样本服从 N（0，1）分布。标签 b 是计算 $b = Ax^{true} + v$，其中 $v \in N$（0，$10^{-3}I$），它对应于一个信噪比 $\| Ax^{true} \|_2^2 / \| v \|_2^2$，约为 60。

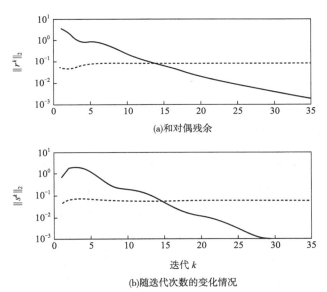

(a)和对偶残余

(b)随迭代次数的变化情况

图 12.1　对于 lasso 问题的原始残余

注：这里的虚线显示了原始残余［图（a）］和对偶残余［图（b）］。

这里取惩罚参数 $\rho = 1$，并设置了终止容许度 $\varepsilon^{abs} = 10^{-4}$ 和 $\varepsilon^{rel} = 10^{-2}$。变量 u^0 和 z^0 初始化为零。

12.1.1　单一问题

首先解决正则化参数 $\lambda = 0.1\lambda_{max}$ 的 Lasso 问题，其中为 $\lambda_{max} = \| A^T b \|_\infty$。Lasso 问题的解是 $x = 0$（虽然没有相关的，此选项可正确识别约 80% 的非零条目 x^{true}）。

图 12.1 显示了通过迭代得到的原始和对偶残余范数，以及相关的停止准则限制 s 比例和 s 双重（其中有轻微的不同，由于迭代次数自它们依赖于开启 x^k，z^k，y^k 通过相对容许度）。经过 15 次迭代后，满足了停止标准，但我们运行了 ADMM35 次迭代，以显示持续

的进展。图 12.2 显示了目标子优化 $\tilde{p}^k - p^*$，其中 $\tilde{p}^k = (1/2) \| Az^k - b \|_2^2 + \lambda \| z^k \|_1$ 是目标函数 z^k 处的值。最优目标函数值 $p^* = 17.4547$ 已使用 l1-ls[1]。

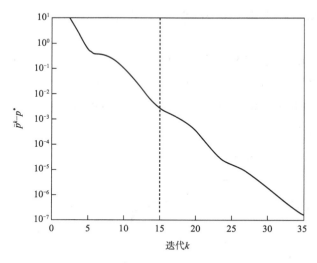

图 12.2 Lasso 问题子优化值与迭代次数，在迭代 15 时表满足停止标准，由垂直虚线表示

因为 A 是比较庞大的（$m<n$），我们将矩阵反演引理应用于 $(A^TA+\rho I)^{-1}$ 而不是计算较小的矩阵 $I+ (1/\rho) AA^T$ 的分解，然后缓存为后续 x-更新。这个因素步骤本身大约需要 $nm^2+ (1/3) m^3$ 失败，这就是成形 AA^T 以及计算 Cholesky 分解的成本。后续更新需要的两个矩阵向量乘法以及向前向后解法，哪个是需要的大约是 $4nm+2m^2$ 失败（该成本的柔软的阈值设定操作步骤 z-更新可以忽略不计）。对于在这些问题维度上，失败计数分析表明，因素/解决率约为 350，这意味着 350 次后续的 ADMM 迭代可以进行初始分解的成本。

在基本操作中，分解步大约需要 1s，随后的 x-更新大约需要 30s（由于 Matlab 中使用的因子/求解率只有 33，由于特别有效的矩阵—矩阵乘法程序，这比预测的要低）。因此，解决整个 Lasso 问题的总成本大约为 1.5s——只比初始的因素分解高出 50%。在参数估计方面，我们可以说计算套索估计只需要 50%。

在参数估计方面，可以说计算套索估计只需要比岭回归估计多 50% 的时间（此外，在一个具有更高因子/解决率的实现中，为 Lasso 所付出的额外努力将会更小）。

最后，报告了改变参数 ρ 对收敛时间的影响。改变 ρ 在 100：1 范围从 0.1 到 10 产生一个解决时间范围在 1.45s 到大约 4s 之间（在因子/解比较大的情况下，改变 ρ 值的效果会更小）。$\alpha=1.5$ 的过松弛没有显著改变 $\rho=1$ 的收敛时间，但它确实减少了在 $\rho \in [0.1, 10]$ 范围内的最差收敛时间，仅为 2.8s。

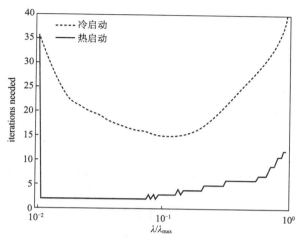

图 12.3 热启动和冷启动需要下迭代与 λ 的关系

12.1.2 正则化路径

为了说明计算正则化路径，我们解决了 100 个 λ 值的 lasso 问题，对数间隔从 $0.01\lambda_{max}$（其中 x^* 有大约 800 个非零项）到 $0.95\lambda_{max}$（其中 x^* 有两个非零项）。我们首先解决上述的套索问题 $\lambda = 0.01\lambda_{max}$，并为每个后续的 λ 值，然后初始化（热启动）z 和 u 的最优值为前一个 λ。

这只需要对所有的计算进行一次因子分解，以前一个值热启动 ADMM 显著减少了在第一个套索问题之后解决每个套索问题所需的 ADMM 迭代次数。

图 12.3 显示了使用这种热启动初始化来解决每个套索问题所需的迭代次数，与使用每个 λ 的冷启动 $z^0 = u^0 = 0$ 所需的迭代次数相比。对于 100 个 λ 值，需要的 ADMM 迭代总数是 428 次，总共需要 13s。相比之下，对于冷启动，我们总共需要 2166 次 ADMM 迭代和 100 次分解来计算正则化路径，总共大约需要 160s。表 12.1 总结了套索示例的时间摘要。

表 12.1 套索示例的时间摘要

执行任务	时间/s
因子分解	1.1
x-更新	0.03
单套索 （$\lambda = 0.1\lambda max$）	1.5
冷启动正则化路径 （100 值）	160
热启动正则化路径 （100 值）	13

12.2　分布式 ℓ_1 正则化逻辑回归

在这个例子中，使用共识 ADMM 来拟合 ℓ_1 正则化 logistic 回归模型。由第 7 章内容可知，该问题的优化变量 $\omega \in R^n$，$v \in R$。训练集由 m 对（a_i，b_i）组成，其中 $a_i \in R^n$ 是特征向量，$b_i \in \{-1, 1\}$ 是对应的标号。

$$\text{minimize} \quad \sum_{i=1}^{m} \log(1 + \exp(-b_i(a_i^{\mathrm{T}}\omega + v))) + \lambda\lambda \| \omega \|_1 \tag{12.1}$$

生成了一个有 $m = 10^6$ 个训练实例和 $n = 10^4$ 个特征的问题实例。m 个例子分布在 $N = 100$ 个子系统中，所以每个子系统有 10^4 个训练例子。生成的每个特征向量 a_i 大约有 10 个非零特征，每个特征都从标准正态分布中独立采样。

选择一个 "true" 权向量 $\omega^{\text{true}} \in R^n$ 有 100 个非零值，这些项以及真截距 v^{true} 从标准正态分布中独立抽样。然后使用

$$b_i = \text{sign}\ (a_i^{\mathrm{T}}\omega^{\text{true}} + v^{\text{true}} + v_i)$$

生成标签 b_i，其中 $v_i \sim N(0, 0.1)$。

正则化参数设置为 $\lambda = 0.1\lambda_{\max}$，其中 $\lambda_{\max}$ 是解决问题的临界值 $\omega^* = 0$。这里 $\lambda_{\max}$ 比上面描述的简单套索情况要复杂得多。设 θ^{neg} 为 $b_i = -1$ 的例子的分数，θ^{pos} 为 $b_i = 1$ 的分数，设属于 $\tilde{b} \in R^m$ 为具有条目的向量，其中 $b_i = 1$，$-\theta^{\text{pos}}$，$b_i = -1$。然后 $\lambda_{\max} = \| A^{\mathrm{T}}\tilde{b} \|_\infty$（虽然这里不相关，最终的拟合模型 $\lambda = 1\lambda_{\max}$ 分类训练示例的准确率约为 90%）。

拟合模型涉及用局部变量 $x_i = (v_i, \omega_i)$ 和一致变量 $z = (v, \omega)$ 求解 7.2 节中的全局一致问题（7.3）。与 Lasso 示例一样，我们使用 $\varepsilon^{\text{abs}} = 10^{-4}$ 和 $\varepsilon^{\text{rel}} = 10^{-2}$ 作为公差，并使用初始化 $u_i^0 = 0$，$z^0 = 0$。我们对迭代使用惩罚参数值 $\rho = 1$。

使用 L-BFGS 进行 x_i-updates。使用了无调优的 Nocedal 的 L-BFGS 的公式翻译程式语言 77 实现：在 ADMM 迭代中使用默认参数、5 个内存和恒定的终止容错（为了更有效地实现，这些容错在开始时会很大，随着 ADMM 迭代会减少）。启动 x_i-updates。

使用了一个串行实现，按顺序执行 x_i-updates；当然，在分布式实现中，x_i-updates 将并行执行。为了在并行实现中所实现的时序的近似，我们报告了更新 K 子系统中的 x_i 所需的最大时间。这大致相当于 x_i-updates 所需的最大 L-BFGS 迭代次数。

图 12.4 显示了原始残差范数和对偶残差范数的迭代过程。虚线表示停止条件满足时（经过 19 次迭代后），原始残差范数约为 1。由于 RMS 共识误差可以表示为 $(1/\sqrt{m})$ $\| r^k \|_2$，其中 $m = 10^6$，一个约为 1 的原始残差模意味着平均而言，x_i 的元素与 z 的第三位一致。

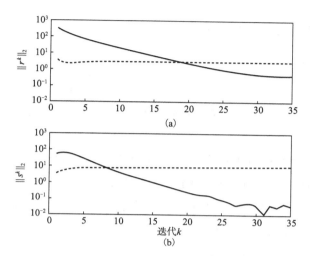

图 12.4　分布式 ℓ 正则 logistic 回归问题的原始和对偶残差范数

研究进展：虚线显示 ε^{pri}(a)和 ε^{dual}(b)

图 12.5 显示了一致变量的次优度 $\tilde{p}^k - p^*$，其中

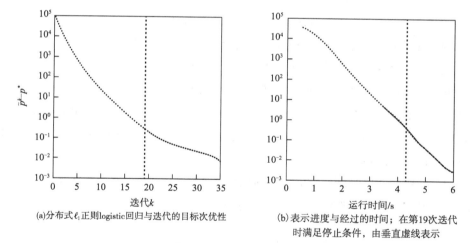

(a)分布式 ℓ_1 正则 logistic 回归与迭代的目标次优性　　(b)表示进度与经过的时间；在第19次迭代
　　　　　　　　　　　　　　　　　　　　　　　　　　　时满足停止条件，由垂直虚线表示

图 12.5　一致变量的次优度 $\tilde{p}^k - p^*$

$$\tilde{p}^k = \sum_{i=1}^{m} \log(1 + \exp(-b_i(A_i^T \omega^k + v^k))) + \lambda \| \omega^k \|_1$$

应用11_ logreg[2] 验证了最优值 $p^* = 0.3302 \times 10^6$。图 12.5（a）展示了 ADMM 算法的迭代过程，给出了并行实现的计算时间。迭代 19 次之后才满足停止条件。ADMM 算法的前两次迭代运行了 2s，迭代停止前的 4 次一共花了不到 5s 的时间。这是因为随着迭代趋于平稳，L-BFGS 由于热启动需要更少次数的迭代。

12.3　带有特征分割的 Lasso 组

考虑如下例子，

$$\text{minimize} \quad (1/2)\,\|Ax - b\|_2^2 + \lambda \sum_{i=1}^{N} \|x_i\|_2$$

其中，$x=(x_1, \cdots, x_N)$，且 $x_i \in R^{n_i}$。我们将使用 7.3 节的模型划分特征组 $x_1, \cdots, x_N$ 解决这一问题。

我们生成了一个有 $N=200$ 个特征组的问题实例，每个特征组有 $n_i=100$（$i=1, \cdots, 200$）个特征，因此共有 $n=20000$ 个特征以及 $m=200$ 个实例。生成了一个真实值 $x^{\text{true}} \in R^n$ 有 9 个非零组，得到了 900 个非零特征值。特征矩阵 A 是密集矩阵，矩阵元素取自标准正态分布 $N(0, 1)$，然后把每一列标准化。输出 $b=Ax^{\text{true}}+v$，其中 $v \sim N(0, 0.1I)$，对应于大约 60 的单噪音比 $\|Ax^{\text{true}}\|_2^2 / \|v\|_2^2$。

我们的惩罚参数设置为 $\rho=10$，将截止误差设置为 $\varepsilon^{\text{abs}}=10^{-4}$，$\varepsilon^{\text{rel}}=10^{-2}$。变量 u^0 和 z^0 的初始值为 0。

我们使用正则化参数值 $\lambda=0.5\lambda_{\max}$，其中

$$\lambda_{\max} = \max \{ \|A_1^{\mathrm{T}}b\|_2, \cdots, \|A_N^{\mathrm{T}}b\|_2 \}$$

是临界值，此时 $x=0$（尽管不相关，λ 值的选择合理地从 9 个非零组中选出来 6 个，并从 17 个非零组中选出来一个估值）。经过 47 次迭代达到截止标准。

这里特征值的分解花了大约 7ms，后续 x_i-updates 的计算用了 350μs，大约快了 20 倍。对于 47 次 ADMM 迭代，这些数字预测在一系列的运行中总的运行时间是 5s 左右，而实际的运行时间大约为 7s。我们估计并行实现的运行时间（忽略进程间交互和数据分发）在 35ms 左右，快了大约 200 倍。

图 12.6 展示了迭代过程中的原始和对偶残差范数。虚线表示满足停止条件（47 次迭代之后）。图 12.7 展示了迭代问题的次优解 $\tilde{p}^k - p^*$，其中

$$\tilde{p}^k = (1/2)\,\|Ax^k - b\|_2^2 + \lambda \sum_{i=1}^{K} | x_i^k \|_2$$

ADMM 算法运行迭代 100 次之后得到了最优目标值 $p^*=430.8390$。

12.4　分布式大规模使用 MPI 的 Lasso 问题

在前几节中，我们讨论了分布式实现的一个理想版本，为了简单起见，它实际上是按顺序执行的。我们现在转向一个更现实的分布式例子，在这个例子中，我们使用 C 语言实现的分布式求解器解决了一个非常大的 lasso 问题（5.2），使用 MPI 进行进程间通信，使

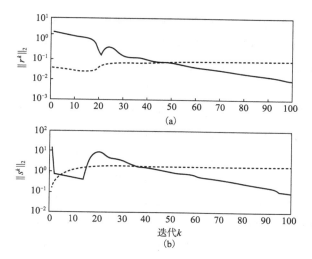

图 12.6 分布群套索问题的原始残差（上）和对偶残差（下）相对迭代的范数

虚线表示 ε^{pri}（a）和 ε^{dual}（b）

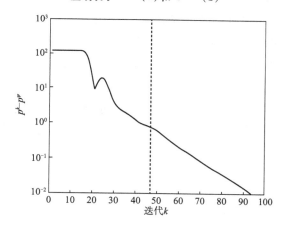

图 12.7 分布式群套索与迭代的次最优性（在第 47 次迭代时满足停止条件，由垂直虚线表示）

用 GNU 科学库 GSL 进行线性代数。在这个例子中，我们将问题划分为不同的训练实例，而不是不同的特性。我们在运行在 Amazon 弹性计算云（EC2）上的虚拟机集群中进行了实验。这里，我们完全关注伸缩性和实现细节。

现在要解决一个有 80 个子系统、400000 个实例和 8000 个特征的问题，所以每个子系统有 5000 个训练样本。注意，整个问题有一个瘦系数矩阵，但每个子问题有一个胖系数矩阵。我们强调系数矩阵是密集的，所以整个数据集需要超过 30GB 的存储空间，总系数矩阵 A 中有 32 亿个非零项。这非常大，不能有效地解决，或者根本不能使用标准串行方法在常用的硬件上解决。

我们使用 10 台机器的集群解决了这个问题。我们使用了集群计算实例，它有 23GB 的 RAM，两个四核 Intel Xeon X5570 "Nehalem" 芯片，并通过 10GB 以太网相互连接。我们使用了运行 CentOS 5. 4 的硬件虚拟机映像。因为每个节点有 8 个核心，所以我们用 80 个进程运行代码，所以每个子系统都在自己的核心上运行。在 MPI 中，同一台机器上的进程之间的通信是通过共享内存字节传输层（BTL）在本地执行的，它提供了低延迟和高带宽的通信，而跨机器的通信通过网络进行。数据的大小是让一台机器上的所有进程可以完全在 RAM 中工作。每个节点都有自己附加的弹性块存储（EBS）卷，该卷只包含与该机器相关的本地数据，因此磁盘吞吐量在同一台机器上的进程之间共享，而不是跨机器共享。这是为了模拟这样一种场景：每台机器只处理其本地磁盘上的数据，而没有任何数据集通过网络传输。我们强调，以这种方式设置的集群的使用成本低于每小时 20 美元。

该实现由一个 C 代码文件组成，尽管有大量注释，但文件不到 400 行。线性代数（BLAS 操作和 Cholesky 因子分解）是使用 GNU 科学库的一个固定安装来执行的。

现在报告挂钟运行时的故障。将所有数据加载到内存大约需要 30s。然后需要 4 ~ 5min 来整合并计算 $I + (1/\rho) A_i A_i^T$ 的克列斯基分解。得到这些分解值之后，每一次子 ADMM 迭代运行 0. 5 ~ 2s。这包括 x_i-updates 的后续求解以及所有的信息传递。

ADMM 在 13 次迭代中收敛，从开始到结束的运行时间不到 6min，解决了整个问题。大致时间汇总见表 12. 2。

表 12. 2　一个大型密集分布 Lasso 例子的大致时间汇总

总数据集大小	30GB
子系统的数量	80
数据集尺寸	400000×8000
子系统的尺寸	5000×8000
数据加载时间	30s
因素分解时间	5min
一次迭代时间	1s
总运行时间	6min

虽然没有把它作为这个例子的一部分来计算出来，但每次迭代的成本都非常低，在该例中，它需要 428 次迭代来计算 100 个 λ 设置的正则化路径，而单个实例需要大约 15 次迭代来收敛，与本例中大致相同。对于这种情况，整个正则化路径，即使对于这个非常大的问题，也可以很容易地在另外 5 ~ 10min 内得到。

很明显，到目前为止，主要的计算是形成和计算局部分解和并行的每个 $A_i^T A_i + \rho I$（或

者 $I+$ （$1/\rho$） $A_iA_i^\mathsf{T}$，如果矩阵逆引理已应用）。因此，值得注意的是，在我们的基本实现中，线性代数运算的性能可以通过使用 LAPACK 代替 GS 显著改进 Cholesky 分解，并通过替换 GSL 的 BLAS 实现使用 ATLAS 生产的硬件优化 BLAS 库、像 Intel MKL 这样的供应商库或基于 gpu 的线性代数包。这可以很容易地导致几个数量级的更快的性能。

在这个例子中，我们使用了一个密集系数矩阵，所以代码可以使用一个简单的数学库来编写。许多真实世界的 Lasso 例子都有大量的训练例子或特征，但它们是稀疏的，没有数十亿非零项，就像我们在这里做的那样。我们提供的代码可以用通常的方式进行修改来处理稀疏的或结构化的矩阵（例如，使用 CHOLMOD[3] 进行稀疏的柯列斯基分解），也可以扩展到非常大的问题。更广泛地说，它也可以用最小的工作来添加约束或以其他方式修改套索问题，甚至解决完全不同的问题，如训练逻辑回归或支持向量机。

值得注意的是，ADMM 的水平和垂直尺度都很好。我们可以通过让每个子系统在大致相同的时间内轻松解决更大的问题实例，解决每个子系统更大的子问题（直到每个机器的内存饱和的时候，它不在这里）；在每台机器上运行更多的子系统（尽管这可能导致分解步骤等关键领域的性能下降）；或者简单地在集群中添加更多的机器，这在 Amazon EC2 上非常简单且相对便宜。

在一定的问题大小内，求解器可以由不擅长分布式系统、分布式线性代数或高级实现级性能增强的用户来实现。这与许多其他情况下所要求的情况形成了鲜明的对比。从系统的角度来看，解决需要数百台或数千台机器的超大问题实例需要更复杂的实现，但有趣的是，一个基本版本可以在标准软件和硬件上快速解决相当大的问题。据我们所知，上面的例子是迄今解决的最大的套索问题之一。

12. 5　回归器的选择

在我们的最后一个例子中，将 ADMM 应用描述的一个（非凸的）最小二乘回归器选择问题的一个实例，该问题从不超过 A（回归器）的 c 列的组合中寻求对一组标签 b 的最佳二次拟合。我们使用在 12.1 节中为密集套索示例生成的相同的 A 和 b，具有 $m=1500$ 示例和 $n=5000$ 特性，而不是依赖 ℓ_1 正则化启发式来实现一个稀疏的解，我们明确地把它的基数限制在 $c=100$ 以下。

x –更新步骤具有与 lasso 示例中完全相同的表达式，所以我们使用相同的方法，基于矩阵逆引理和缓存，在该示例中描述。z –更新步骤包括保持 $x+u$ 的 c 最大幅度分量，其余部分归零。为了清晰起见，我们执行了一个中间程序对组件进行排序，但可能有更有效的方案。在任何情况下，z –更新的成本与 x –更新的成本相比都可以忽略不计。

这等非凸问题的 ADMM 收敛性不能保证；即使它收敛，最终结果也可以取决于 ρ 的选

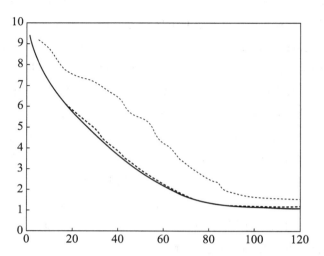

图 12.8　套索与基数的拟合（虚线）、后验最小二乘拟合（虚线）和回归变量选择（实线）

择以及 z 和 u 的初值。为了探索这一点，我们运行了 100 个 ADMM 模拟，随机选择的初始值 ρ 的范围在 0.1~100。事实上，它们中的一些没有收敛，或者是慢慢收敛。但它们中的大多数都收敛了，尽管观点不完全相同。然而，那些收敛得到的客观值相当接近，通常在 5% 以内。不同的 x 值在支持方面的变量（回归变量的选择）和值（权重）上有很小的变化，但最大的权重始终被分配给相同的回归变量。

　　现在，比较了非凸回归量选择与套索的使用，以获得稀疏性拟合的权衡。我们通过对 $c=1$ 和 $c=120$ 之间的每个 c 值运行 ADMM 来获得回归量选择的曲线。对于套索，我们计算了 300 个 λ 值的正则化路径；对于每个已找到的 x^{lasso}，我们使用稀疏性模式进行最小二乘拟合（以我们最后得到的 x），对于每个基数，我们绘制出所有这些 x 中找到的最佳拟合。图 12.8 显示了在有和没有后验最小二乘拟合的情况下，由回归因子选择和套索得到的权衡曲线。我们看到尽管结果并不完全相同，但它们是非常相似的，并且在所有实际用途上都是相等的。这表明，通过 ADMM 的回归变量选择和套索可以获得良好的基数拟合权衡。当期望的基数提前知道时，它可能会有优势。

参考文献

[1]　S. ‑J. Kim, K. Koh, M. Lustig, S. Boyd, and D. Gorinevsky, "An Interior‑point Method for Large‑scale ℓ_1‑regularized Least Squares," IEEE Journal of Selected Topics in Signal Processing, Vol. 1, No. 4, pp. 606-617, 2007.

[2]　K. Koh, S. ‑J. Kim, and S. Boyd, "An Interior‑point Method for Large‑scale1‑regularized

Logistic Regression," Journal of Machine Learning Research, Vol. 1, No. 8, pp. 1519 – 1555, 2007.

[3] Y. Chen, T. A. Davis, W. W. Hager, and S. Rajamanickam, "Algorithm 887: CHOLMOD, Supernodal Sparse Cholesky Factorization and Update/downdate," ACM Transactions on Mathematical Software, Vol. 35, No. 3, p. 22, 2008.